黄甜竹分枝

黄甜竹秆

黄甜竹叶

黄甜竹地下叉鞭

黄甜竹花穗

黄甜竹花蕊

黄甜竹竹种

黄甜竹示范基地

黄甜竹笋

覆盖提早出笋

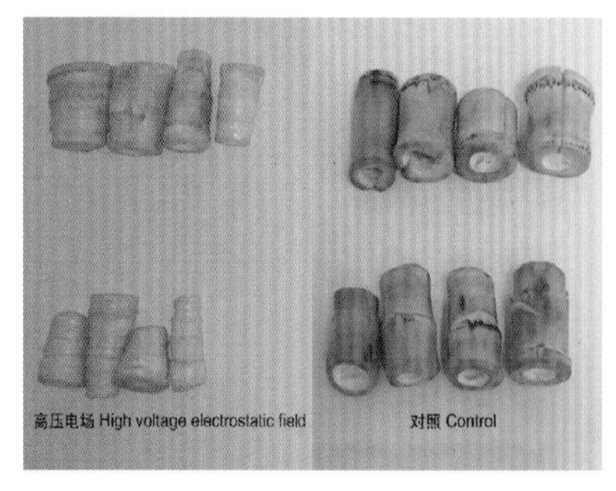

高压电场冷藏对照

黄甜竹笋加工试验

黄甜笋发酵

高温杀菌

清水黄甜笋

泡椒黄甜笋

油焖黄甜笋

产品展销

黄甜笋炒牛肉粒

黄甜笋杨梅球

黄甜笋饮品

笋丝水晶包

笋丁梅菜饼

笋筒饭

黄甜竹

栽培技术与产品开发

周成敏 朱强根 季赛娟 等 著

中国农业出版社
北 京

图书在版编目（CIP）数据

黄甜竹栽培技术与产品开发 / 周成敏等著.
北京 ：中国农业出版社，2024. 10. -- ISBN 978-7-109-32592-0

Ⅰ. S644.2

中国国家版本馆 CIP 数据核字第 2024Y873G8 号

黄甜竹栽培技术与产品开发
HUANGTIANZHU ZAIPEI JISHU YU CHANPIN KAIFA

中国农业出版社出版
地址：北京市朝阳区麦子店街 18 号楼
邮编：100125
责任编辑：李　瑜　黄　宇
版式设计：杨　婧　　责任校对：吴丽婷
印刷：北京通州皇家印刷厂
版次：2024 年 10 月第 1 版
印次：2024 年 10 月北京第 1 次印刷
发行：新华书店北京发行所
开本：880mm×1230mm　1/32
印张：4.5　　插页：2
字数：125 千字
定价：38.00 元

著者名单

主要著者　周成敏　朱强根　季赛娟

著　　者　周成敏　朱强根　季赛娟

　　　　　周紫球　何　林　谢益贵

前 言

黄甜竹（*Acidosasa edulis* Wen）为禾本科竹亚科酸竹属植物，是中国特有的优质笋用竹种。黄甜竹笋肉厚、色白，笋质细嫩，味甜质脆，鲜美，无涩味，为笋中珍品。黄甜竹笋可鲜食、可加工，黄甜竹笋干为笋干中上品。黄甜竹笋还可凉拌生食，被视为菜中珍品。在各种笋的品尝中，黄甜竹笋总是名列第一，深得广大群众的喜爱。2020年，浙江省林业局等八部门出台《关于加快推进竹产业高质量发展的意见》（浙林改〔2020〕38号）文件，其中黄甜竹列入第一位重点推广的笋用竹种。

黄甜竹具有较高的经济价值，黄甜竹栽培成活率高、投资少、成竹快、产量高、收益大。从营养价值方面来讲，黄甜笋的营养成分属“三高一低”，高蛋白质（31.2 mg/g）、高钙（0.38 mg/g）、高氨基酸含量（11.8 mg/g），低脂肪含量2.4 mg/g，符合市场需求。从绿化观赏价值方面来讲，黄甜竹的竹秆通直、节间匀称、三分枝开展、枝叶繁茂、色泽浓绿、秀雅怡人，具庭园观赏价值，可广泛用于园艺配置。若较大面积片植、丛植，且枝叶经过修剪，观赏效果更佳。而竹林式培植的，不仅有美化、绿化环境的作用，还具涵养水源、固土护岸、减少水土流失等功能。

此外，黄甜竹笋还具有较高的药用价值。据《本草纲目》记载，（黄甜）竹笋性甘、微寒、无毒，可治燥渴、利尿。《名医名录》中记有，竹笋利膈下气、消痰、爽胃。如遇肾炎、心脏病、肝病及晚期血吸虫病引起的水肿、腹水，可用竹笋、陈葫芦、冬瓜皮煮水服用，疗效明显。而用鲜竹笋煮粥，可治久泻、痢、脱肛等疾。

丽水市从 20 世纪 80 年代引种筛选出黄甜竹笋用竹以来，已在浙江区域及周边地区发展推广，建立了高产高效示范基地，带动了竹农，致富了竹农。“黄甜竹、方竹、合江方竹 3 种笋用竹关键栽培技术研究与推广项目”成果获浙江省科学进步三等奖、“浙西南夏秋季菜用竹笋高效栽培关键技术研究与推广项目”获梁希林业科学技术三等奖和丽水市科学技术进步一等奖，“黄甜竹引种栽培关键技术研究与示范项目”获浙江省科技兴林一等奖。制定了浙江省地方标准《黄甜竹笋用林栽培技术规程》（DB 33/T 2027—2017），授权国家发明专利 1 项。在核心期刊上发表有关黄甜竹学术论文近 10 篇。本书的顺利出版得到了丽水市科技局、林业部门、有关科研院所及大专院校等单位的大力支持。在此一并深表感谢！

全书共分 6 章，全面系统地论述了黄甜竹概述、黄甜竹栽培技术、黄甜竹笋期调控技术、黄甜竹笋保鲜及贮运、黄甜竹笋产品加工及菜谱开发，以及黄甜竹相关研究成果。全书应用性与学术性结合，期望能够对读者提供较多实用的信息和有益的知识。

由于时间比较仓促，掌握的资料也不尽全面，书中难免有疏漏，敬请各位专家和读者批评指正。

著　者

2023 年 8 月

目 录

第一章 黄甜竹概述

一、黄甜竹生态学特性

（一）黄甜竹生态环境

环境是黄甜竹生存和发展的基础，黄甜竹的分布范围和生长状况受环境各因子的综合影响。反之，黄甜竹林的生长过程也给环境带来一定的影响，从而改变着原来的环境条件，创造了特殊的竹林环境，这种特殊的环境又影响着黄甜竹的生命过程。黄甜竹自然分布于福建、江西、浙江，适生于中亚热带季风气候，要求土层较深厚、质地疏松、肥沃的酸性土。适栽于浙西南地区的山地、丘陵、平原、冲积溪沿岸、滩涂地和房前屋后空地。福建生长的黄甜竹主要分布于永泰、明溪、闽清、福州、尤溪、南平等地。

（二）黄甜竹群落特征

森林群落结构是森林植物间及森林植物与环境间的相互关系的反馈。经调查，黄甜竹垂直分布一般在海拔 1 000 m 以下的山坡、丘陵，常组成纯林，或与其他树种混交，常见的有以下 4 个类型：①黄甜竹-倭竹群丛（该群落多见于海拔 400 m 以上丘陵、山地，在林缘或路边多成片状纯林，如福建的南平茂地乡、建瓯房道乡海拔 700～800 m 处）；②木荷＋米储-黄甜竹群丛（福建从顺昌际会乡）；

③马尾松-黄甜竹-芒萁群丛（该群落多见于天然更新的马尾松林下，如福建建瓯房道乡海拔 800 m 处）；④檫木+杉木-黄甜竹-蕨+五节芒群丛（黄甜竹在人工混交林下亦能自然繁生，如西芹教学林场沙溪口）。黄甜竹的适应性较强，栽培或引种的范围较广，宜规模发展。

二、黄甜竹生物学特性

（一）黄甜竹形态特征

黄甜竹（*Acidosasa edulis* Wen）为禾本科酸竹属，复轴混生型竹种，地下茎复轴型；秆直立，高 4～12 m，径达 3～8 cm，节间长 25～60 cm，绿色无毛；每节分枝 3 枚近相等，斜举，小枝有叶 4～6 枚，无叶耳与遂毛；箨鞘无斑点，初绿色，后转棕色，密被褐色长刺毛，边缘常紫色具纤毛；箨耳狭镰刀状伸出，表面被棕色茸毛，边缘有少数遂毛呈放射状开展；箨舌高 3～4 mm，中部隆起有尖锋，先端边缘具纤毛；箨叶绿色，边缘染有紫色，披针形，直立或反转，两面粗糙。叶片阔披针形至披针形，长 11～25 cm，宽 1.7～2.7 cm。雌雄同花，外稃环抱内稃及穗轴，外稃片开 45°角，深绿色，长 1.5 cm，宽 0.7 cm，有 11 条纵脉，背面有白色微毛；内稃淡白绿色，长 1.2 cm，宽 0.5 cm，有7～8 条纵脉；雄蕊 6 枚，少数 5 枚，花药长 0.5～0.7 cm；雌蕊长 0.7 cm，子房圆锥形，淡黄白色，柱头淡紫红色，花柱白色丝状，三裂，1 枚鳞被。小穗长 4～17 cm，通常上午 5 时左右开裂，下午 3 时左右闭合，开启需 60 min，闭合需 90 min，小穗闭合后花药开始凋萎，待开花耗尽营养，则竹子就整株（簇）死亡。

（二）黄甜竹地下鞭及鞭芽的生长规律

黄甜竹地下茎为复轴型，从表 1-1 可见，地下竹鞭与鞭根分布在 0～40 cm 的土层范围内，主要分布在 10～40 cm 土层，壮林鞭在 0～20 cm 土层占比 54.03%，20～40 cm 土层占比 40.10%。

地下鞭的延伸方向幼林鞭主要向下延伸，壮林鞭以水平方向延伸为主，且具有趋肥、趋松、趋湿性，即鞭梢具“觅食行为”，主动向水、肥充足和土壤疏松处蔓延生长，年生长量可达5～7 m。从表1-2中可见，整个鞭龄系统看，壮龄鞭上无论壮芽还是弱芽其数量所占的比例都最大，分别占总数的52. 36%和52. 6%。1～2年龄鞭的幼鞭，根系生长发育尚未成熟，抽鞭孕笋能力较弱；3～4年鞭龄的壮鞭，积蓄的营养丰富，根系发达，生活力强，抽鞭孕笋能力强；随着鞭龄的增加，竹鞭的养分含量降低，逐渐失去发笋能力。当月平均温度为13～16 ℃时，竹鞭处于活跃生长期，冬季温度过低，竹鞭生长停止，处于休眠状态；春季温度上升至6 ℃，鞭芽即开始萌动分化生长；5月下旬或6月初温度上升至20 ℃以上时，竹鞭快速延伸，随着气温升高，生长加速，月均温30 ℃左右时，生长速度最快，日生长量最大值为2～3 cm。竹鞭生长季节，如遇干旱缺水，则竹鞭生长变缓。7—8月，高温期，降水量对竹鞭生长的影响较大，据观察竹鞭生长适宜的月降水量140～160 mm，月降水量不宜低于100 mm。一般长鞭段生长良好，根系发达，侧芽饱满，鞭体粗壮，养分贮藏丰富，发笋比例最高的鞭段长度2 m左右，为防止竹鞭陡长，调节发笋期养分分配，竹鞭可采取一定控制措施；如鞭段过短，中部芽少，出笋的机会少，甚至不发笋，而且短鞭段岔鞭转折多，对营养输导、贮存和供给都不利，容易形成退笋。若土壤疏松，养分丰富，通气性好，加上施肥和管理方法科学，则竹鞭生长层次分明，吸收养分的能力强，便能达到高产稳产的目的。

表1-1 各鞭龄分布深度的特征

项目	鞭分布深度(cm)	鞭长	鞭长占比(%)	鞭重(kg/hm²)	鞭重占比(%)	平均鞭径(cm)	平均鞭节长(cm)
幼龄鞭	0～20	10 762.5	23.6 9	828.0	16.35	1.14	2.42
壮龄鞭	0～20	24 550.0	54.03	2 668.5	52.68	1.16	3.36
老龄鞭	0～20	10 125.0	22.28	1 568.6	30.97	1.11	2.37
总 计		45 437.5	100	5 065.1	100	1.13	
幼龄鞭	20～40	4. 35	12.98	269.1	8.74	1. 25	3.40

（续）

项目	鞭分布深度（cm）	鞭长	鞭长占比（%）	鞭重（kg/hm^2）	鞭重占比（%）	平均鞭径（cm）	平均鞭节长（cm）
壮龄鞭	20～40	13 437.5	40.10	1 401.1	45.49	1.39	2.46
老龄鞭	20～40	15 725.0	46.92	1 410.1	45.77	1.58	3.03
总计		33 512.5	100	3 080.3	100	1.41	

表1-2　鞭龄与各种鞭芽的比较

项目	幼龄鞭		壮龄鞭		老龄鞭		合计（万个/hm^2）
	数量（万个/hm^2）	百分比（%）	数量（万个/hm^2）	百分比（%）	数量（万个/hm^2）	百分比（%）	
壮芽	13.25	22.54	30.78	52.36	14.75	25.09	58.78
弱芽	36.73	34.66	55.73	52.60	13.6	12.74	105.96
笋芽	8	50	6.2	38.75	1.8	11.25	16
死芽	5	7.48	14.25	21.31	47.63	71.22	66.88

（三）黄甜竹笋出土规律

黄甜竹的出笋时间不仅取决于其自身的生长发育特征，还与其所处的纬度、海拔、光照等条件有关。自然状态下，福建省一般从3月下旬开始出笋，至5月上旬基本结束；浙江丽水，笋期为4月上旬至5月中旬。出笋持续35～47 d。出笋期闽东比闽北早8 d；在同一地区，海拔较高的竹林比低山丘陵的迟约1个月；在同一地点，稀林较密林早，阳坡较阴坡早。

由表1-3可知，海拔850 m的黄甜竹出笋的初期比海拔140 m延迟29 d，盛期延迟29 d，末期延迟34 d，即高海拔的黄甜竹林出笋时间比低海拔的竹林延迟1个月，出笋结束也推迟1个月；同时，海拔850 m的黄甜竹林出笋盛期比海拔140 m的竹林多5 d，初期和末期天数相同，故海拔850 m的黄甜竹林的笋期总天数也比海拔140 m的竹林多5 d。海拔高度对黄甜竹出笋时间有明显的影响，同一时间段内海拔850 m的竹林气温比海拔140 m的竹林低，其温度需延迟 1 个月时间才能达到黄甜竹出笋的要求。

表 1-3　不同海拔竹林黄甜竹出笋情况统计

处理	初期		盛期		末期		总计笋期 (d)
	起止日期（月．日）	天数 (d)	起止日期（月．日）	天数 (d)	起止日期（月．日）	天数 (d)	
A1	04.01—04.09	9	04.10—05.03	24	05.04—05.15	12	45
B1	04.30—05.08	9	05.09—06.06	29	06.07—06.18	12	50

注：A1 海拔 140 m，B1 海拔 850 m。

（四）黄甜竹秆形生长规律

从笋到幼竹按生长速度，可将黄甜竹秆形高生长过程分为 4 个阶段：初期、上升期、盛期和末期。

在生长初期，竹笋出土以后，基部萌发根系，高生长非常缓慢，历时 15 d 左右，日高生长量 2～4 cm。竹笋经初期生长，根系大量萌发，生理代谢活动逐渐活跃，生长速度逐渐加快，进入竹笋生长的上升期，历时 7～9 d，日高生长量 10～20 cm。盛期是竹笋生长最旺盛的时期，根系继续伸长，基部几个竹节的秆箨开始脱落，竹笋高生长呈快速上升趋势，历时 15～20 d，日高生长量 20～30 cm，最大可达 50 cm 以上。随后竹笋高生长进入生长末期，幼竹枝条迅速伸展，而高生长速度则显著下降，最后停止。笋箨全部脱落，幼竹顶部稍弯曲，直到全竹枝叶长齐，竹叶几乎同时展开，形成新竹。末期生长历时 12～14 d，日生长量 7～12 cm。5 月中旬之后，幼竹高生长基本停止，幼竹秆形生长完成。不同出土时间长成的幼竹，其竹高和胸径存在一定的差异。

在黄甜竹秆形高生长过程中，昼夜生长呈“昼慢夜快”的规律，虽昼夜生长速率不同，但两者的变化趋势随时间的分布一致。

黄甜竹高生长与气象因子关系密切。气温对生长量的影响较大，尤其在盛期高生长节律变化与气温节律变化比较一致，随着温度的升高，高生长加快，但进入高生长末期后，虽然气温持续上升，但高生长量却逐渐下降，两者的相关性已很不明显。黄甜竹高生长的适宜温度为17～19 ℃。降水量对生长的影响主要表现在水分条件的改变，湿度增大，有利于竹子生长。但在春季，月降水量较高，不低于130 mm，水分已基本上得到满足。

（五）黄甜竹枝条生长规律

在秆形生长高峰期过后，下部秆箨渐次干缩脱落，枝条自下而上开始抽枝，并逐次展开。从展开到枝条生长结束所需时间，因光照、温度、土壤条件不同而有所差异，一般需15～25 d。在生长初期，枝条生长极为缓慢，每日生长量只有1～2 cm；当枝条生长进入高峰期，每日平均生长量可达6～10 cm，高者可达15 cm；高峰期过后，枝条生长逐渐缓慢，平均每日生长量只有1～2 cm。枝条生长也遵循“慢—快—慢”的规律，全期生长量为65～158 cm，平均日生长量3～7 cm。各枝条的侧枝抽发，同样遵循“慢—快—慢”的规律。

枝条生长与温度、湿度、降水等气象因子相关性不显著，是因为在枝条生长过程中，时间局限于5月中下旬，该时期这些条件已满足了要求，且极端因素出现的可能性不大，致使气象因子影响不大，而养分条件成为主导因子，若养分充足则枝条生长量大。

（六）黄甜竹叶片生长规律

黄甜竹的展叶过程就全竹来说，上下枝条几乎同时展开，而对某一枝条来说，则遵循自下而上的规律进行，当下面侧枝的叶子已全部展开，上面侧枝的叶子还在分化和伸长之中。由于顶端优势的作用，枝顶第1片叶子往往先展开。黄甜竹展叶到结束历时15～21 d。

黄甜竹每年换叶1次。一般在春季的2月底或3月初叶芽开始发育，到6月初新叶基本长成。竹叶的生长过程，需经历4个时期：

（1）叶芽分化期。由枝顶或其侧芽分化出叶原基，再分裂、分化形成叶柄和叶鞘的原始体。3 月初，平均气温 6 ℃左右时叶芽开始分化。

（2）伸长期。在 3 月中下旬，已分化的叶原体细胞增大、伸长，逐渐形成针状叶，经 2～3 d 生长，针状叶长至 3～4 cm，膨大成筒卷式，叶片逐渐展开，进入幼叶阶段。

（3）功能期。从 5 月下旬至 6 月初，叶片完全展开，进行正常的光合作用，同时叶片继续加厚生长，从长 3.5～4.2 cm、宽 0.7～0.9 cm 的倒卵形幼叶，长至长 11～25 cm、宽 1.7～2.7 cm 的带状披针形功能叶，历期达数月之久。

（4）衰老期。细胞内原生质逐渐破坏，叶片、叶鞘开始自下而上枯黄，叶柄与叶梢间形成离层，叶片脱落。经观察，黄甜竹每月都有小量落叶，而以 5—6 月落叶数量最多达 60%以上。此时也是换叶的高峰期。

叶片生长时的旬平均气温基本达 20 ℃以上，已满足叶片生长的需要，但温度的突变对叶片生长仍有一定的影响。该期间降水量基本上可达到 100 mm 以上，且分布较均匀，基本上能满足叶片生长的要求，因此降水对叶片生长的影响不显著。

三、黄甜竹结构特征

黄甜竹的竹高、枝下高会随着胸径的增大而增大，生物量会随着胸径的增大而增加，而总节数与胸径的相关性极显著。胸径与竹高、枝下高和生物量三者之间的变化呈幂函数分布，R^2 的值都比较接近 1。胸径与总节数的关系呈显著的线性分布规律。通过参数相关显著性分析，由表 1 - 4 可知，各参数间都有极显著的相关性，胸径与竹高、枝下高的相关性为极显著，胸径与生物量的相关性为显著，生物量各因子之间的相关性也为显著，总节数与胸径、竹高等因子的相关性也为显著。

表 1-4 相关显著性分析

项目	胸径	竹高	枝下高	竹秆重	竹枝重	竹叶重
竹高	0.974 55					
枝下高	0.924 37	0.921 08				
竹秆重	0.400 03	0.369 93	0.387 65			
竹枝重	0.533 86	0.504 81	0.525 35	0.616 57		
竹叶重	0.617 40	0.607 28	0.591 33	0.425 82	0.606 43	
总节数	0.724 65	0.729 59	0.685 23	0.211 80	0.484 58	0.661 22

注：$n=23$，$r_{0.05}=0.413$，$r_{0.01}=0.526$。

（一）胸径与竹高、枝下高的关系

黄甜竹的竹高、枝下高随着胸径的增大而增大，在一定胸径范围内竹高、枝下高与胸径之间的关系呈幂函数分布（图 1-1）。其函数关系为：

竹高：$y=1.761\,2x^{1.045}$　　$R^2=0.960\,2$

枝下高：$y=0.701\,9x^{1.055\,7}$　　$R^2=0.816\,1$

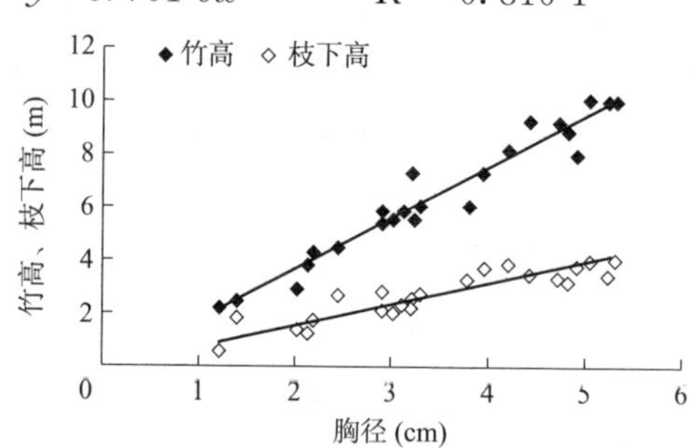

图 1-1 胸径与竹高、枝下高之间的变化关系

（二）胸径与生物量的关系

黄甜竹地上部分生物量随胸径的增大而增大，在一定胸径范围内黄甜竹生物量与胸径之间的关系呈幂函数分布（图 1-2）。函数关系为：

秆重：$y=0.4702x^{1.4333}$ $R^2=0.7278$

枝重：$y=0.1664x^{1.6853}$ $R^2=0.8385$

叶重：$y=0.1101x^{1.7067}$ $R^2=0.7740$

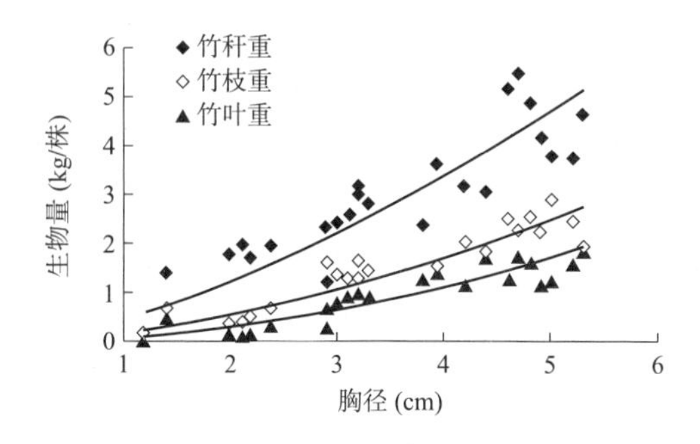

图 1-2 胸径与生物量之间的变化关系

（三）胸径与总节数的关系

在一定胸径范围内黄甜竹总节数与胸径之间的关系呈线性关系（图 1-3）。函数关系为：$y=2.8947x+15.03R^2=0.5252$

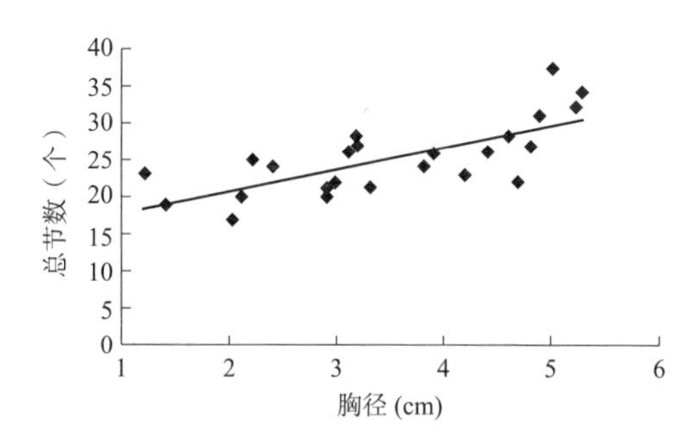

图 1-3 胸径与总节数之间的变化关系

四、黄甜竹笋的营养成分

黄甜竹鲜笋营养成分极为丰富，含高蛋白质、低脂肪、多磷钙及人体必需的氨基酸等，根据原福建林学院对鲜笋营养成分与其他竹笋比较见表1-5，从表中可知其营养成分的综合指标与方竹、福建酸竹、水竹相似，都较高，且高于毛竹（春笋、冬笋）的综合指标。其中蛋白质含量高于平均含量7.6%，脂肪含量低于平均含量49%，而磷、钙含量远超过平均水平的60%和140%。特别是蛋白质含量比优质的绿竹笋高64%；脂肪含量在所列竹种中最低，每100g鲜重仅0.24g，钙含量又在所列竹种中最高，是优良绿竹笋的3.66倍；黄甜竹笋所含蛋白质、磷、钙分别为雷竹笋的1.23倍、1.80倍和6.22倍。每100 g鲜重黄甜竹笋中的15种氨基酸总量1 175 mg，比优质的绿竹笋高67.4%。其中甲硫氨酸、赖氨酸、组氨酸、天冬氨酸、谷氨酸、精氨酸处于较高水平（表1-6）。综上所述，黄甜竹是一个营养丰富、品味优良的笋用竹种，可以作为一个新开发的食用笋品种。

表1-5　每100 g鲜重竹笋的营养成分含量

竹笋名称	水分（g）	蛋白质（g）	脂肪（g）	磷（mg）	铁（mg）	钙（mg）
黄甜竹	95.66	3.12	0.24	113	0.86	38.40
福建酸竹	93.60	3.90	0.24	113	0.84	19.60
毛竹（冬笋）	84.09	3.61	0.49	64	1.90	8.20
毛竹（春笋）	91.24	2.47	0.39	44	0.60	5.80
雷竹	91.12	2.55	0.41	60	1.00	5.80
乌哺鸡竹	90.92	2.78	0.39	66	0.60	13.10
红哺鸡竹	90.80	2.58	0.46	66	0.80	9.70
白哺鸡竹	90.97	3.44	0.39	74	0.70	8.50
石竹	89.72	2.79	0.60	74	1.10	19.40
刚竹	90.65	3.23	0.94	80	0.70	13.30
水竹	90.64	4.00	0.62	92	1.00	15.30
甜竹	89.43	2.97	0.76	85	1.11	15.50
方竹	91.31	3.60	0.33	92	0.80	30.00
麻竹	91.06	2.13	0.49	45	0.40	12.20
绿竹	90.34	1.90	0.47	52	0.70	10.50

（续）

竹笋名称	水分（g）	蛋白质（g）	脂肪（g）	磷（mg）	铁（mg）	钙（mg）
大头曲竹	92.05	1.83	0.38	42	0.60	18.70
硬头黄竹	90.00	2.53	0.39	32	1.50	29.60
平均值	90.80	2.90	0.47	70	0.89	16.00

表 1-6 每 100 g 鲜重黄甜竹笋与毛竹春笋、绿竹笋氨基酸含量（mg）

名称	苏氨酸	缬氨酸	甲硫氨酸	异亮氨酸	亮氨酸	苯丙氨酸	赖氨酸	组氨酸	天冬氨酸	谷氨酸	丝氨酸	甘氨酸	丙氨酸	精氨酸	酪氨酸
1	43	54	14	34	60	25	83	157	207	175	41	36	64	114	68
2	66	97	8	67	113	69	70	31	243	200	74	65	102	83	351
3	42	54	4	36	62	29	44	14	102	82	36	47	62	54	34

注：名称中的 1 代表黄甜竹笋，2 代表毛竹（春笋），3 代表绿竹笋。

五、黄甜竹的固碳功能

植物具有吸收 CO_2、释放 O_2的功能，可以降低温室效应，植物体本身就是碳汇的重要载体，竹林生态系统的生物体具有强大的 CO_2截留能力，竹林生态系统的碳储量及固碳能力不可忽视。经研究发现，竹林生物体的固碳能力比马尾松林、杉木林和次生林相对要高，如毛竹林生态系统碳储量为 144.3 t/hm^2，植株年固碳量为 5.11 t/hm^2，是速生阶段杉木林的 1.46 倍，是热带山地雨林的 1.33 倍。

黄甜竹作为一种优质的笋用竹种，无论是经济效益还是生态效益都不错，经研究发现，黄甜竹更是一种碳储量较高、固碳能力较强的优良竹种，值得大力推广。经检测，黄甜竹地上部分总生物量达 47.68 t/hm^2，各器官生物量占比规律是秆＞枝＞叶，具体见表 1-7。竹秆的碳含量最高达 50.71%，叶片碳含量最小为 45.63%（表 1-8），地上部分碳含量为 23.52 t/hm^2，其中竹秆碳含量为15.73 t/hm²，占地上部分碳含量的66.67%，表明黄甜竹地上部分的碳含量主要分布在竹秆当中。相较于竹秆，竹枝和竹叶部分的碳含量较少，分别为21.27%和12.07%。与其他研究相比，在自然状态下的黄甜竹林地上部分的碳储量远远大于蜀南苦竹林碳储量（13.47 t/hm²），黄甜竹林生态系统的碳汇功能明显，碳汇功能与竹种及经营管理方式有关，人为干扰因素少，竹林密度大，碳储量大。

表1-7　黄甜竹各器官生物量模型

器官（干重）	回归方程	判定系数 R^2
秆	$B=0.1035D^{2.0420}$	0.936 0
枝	$B=0.0428D^{1.8413}$	0.829 3
叶	$B=0.0231D^{1.9411}$	0.707 9
总计	$B=0.1660D^{2.0078}$	0.937 5

注：胸径 D，生物量 B，样本 $n=50$。

表1-8　黄甜竹各器官生物量和碳储量

器官	生物量（t/hm²）	碳含量（%）	碳储量（t/hm²）	碳分配比例（%）
秆	31.01	50.71	15.73	66.67
枝	10.43	48.11	5.02	21.27
叶	6.24	45.63	2.85	12.07
总计	47.68	—	23.52	100

第二章　黄甜竹栽培技术

黄甜竹适应性较强，土层深厚、质地疏松、肥沃、酸性，且雨量充沛的山区都适合栽植黄甜竹，竹笋味道甘甜、口感爽脆、品质上佳，是优质笋用竹种，深受人们喜爱，许多地区农家的房前屋后均有栽植，极具开发潜力。

一、造林地选择

黄甜竹在温暖湿润、土壤透水性好、土层深厚（30 cm 以上）的滩涂、平原、丘陵和山地均可栽培，当然沙漠、重盐碱土地和长期积水的沼泽地除外。据浙江省丽水市林业科学研究院何林对丽水百果园黄甜竹示范基地的土壤理化性质测定，黄甜竹林地土壤有机质含量 3.0%～3.87%，全氮含量 0.132%～0.140%，全磷含量 0.018%～0.019%，有效磷含量 7.0～10.5 mg/kg，有效钾含量 42～45 mg/kg。黄甜竹在成土母岩花岗岩、石英砂岩上发育的山地黄红壤上，在重壤、中壤土上都能生长良好；但在重黏土、石砾土及过于干燥瘠薄的土壤，含盐量 0.1%以上的盐渍土、钙质土，以及低洼积水或地下水位过高的地方，生长不利。年平均气温在 14～18 ℃，年降水量在 1 200～1 800 mm，雨量分布均匀，干湿季不明显，相对湿度 80%左右；造林地最好选择海拔 800 m 以下、坡度 25°以下、背风朝南的阳坡山地；土壤 pH 4.5～7.0，土壤有机质含量高。适宜黄甜竹生长的土壤一般被称为乌沙土或香灰土，这种壤质的黄壤土或红壤土质地疏松，富含有机质，沙壤土或黏壤土也适于黄甜竹生长。

二、整地

造林前需整地，为保证成活率和保存率应选在秋冬季节。整地方式可根据劳动力、造林地条件、造林方法及拟采用的株行距等情况选择全面整地、带状整地或块状整地。全面整地：先清理林地的杂草、灌木，视条件可进行砍除或炼山，炼山既能烧尽柴草当肥料，又可以消灭病虫害，炼山时应开好防火线，防止山林火灾，接着是全面开垦，清除土中石块、树根、树蔸等，开垦深度 30 cm 以上，将表土翻入底层利于有机质分解，最后挖栽植穴 60 cm×50 cm×40 cm，挖穴时注意把心土、表土分置于穴的两侧，在坡地上挖穴时注意将穴的长边与等高线平行。坡度 20°～30°时造林地宜作带状整地，保持自然坡度，带间距离 2～3 m 具体视坡度而定。当劳动力缺乏或坡度较陡（在 30°以上）时可采用块状整地，根据造林密度和株行距确定栽植地点，然后清除各栽植点周围 2 m 左右的杂草灌木，可采用 4 m×4 m 的大块状整地，块与块的距离为 6 m 左右，每块挖 5 个穴（梅花形）或 4 个穴（正方形），这种黄甜竹丛栽造林方式成活率高，成林早。

三、造林季节

黄甜竹造林季节宜安排在冬初和早春（10 月至翌年 3 月）。此时气温较低，黄甜竹造林蒸腾失水较少，易于成活。但由于各地气候条件差异大，造林季节有所不同：在黄甜竹分布的偏南地区，气候温暖，降水较多，以冬季造林效果较好，引种地区冬季气温低，降水量少，风大干燥，以早春 2 月为宜。在梅雨季 6 月也可以栽种，但不宜用当年新竹，因为当年新竹太嫩，母竹容易损坏，存活率不高。

四、造林方法

黄甜竹的造林方法有移竹造林、移蔸造林、移鞭造林等。

（一）移竹造林

移竹造林就是竹子连带竹鞭及侧芽的传统造林方法。选胸径 2～4 cm 的生长健壮、分枝较低、枝叶繁茂、竹节正常、无病虫害、鞭芽饱满、1～2 年生的壮龄竹为母竹，母竹挖取时来鞭留 15～20 cm，去鞭留 20～30 cm，断面平滑，勿伤鞭芽，少伤鞭根，多带宿土，忌摇晃竹秆，留枝 4～5 盘。栽植母竹讲究“密种、疏种、深种、浅种”。密种就是“丛栽法”，每丛栽植 4～5 株，其优点是增加丛的密度，提前丛的郁闭，有利于形成小气候环境，减少丛内林下杂草，便于培育管理，实践证明，这种丛栽法的成竹和生长情况比平均株行距造林优越得多；疏种是指每丛间距离较宽；深种、浅种指的是栽竹方法，要求做到深挖穴、浅栽竹、下紧围（土）、上松盖（土），母竹应随挖随种，以提高成活率，母竹植入穴中应舒展鞭根，先回填表土后填心土，分层压实，忌用锄头猛敲，栽后浇足定根水，再盖一层松土，土面高出地面 10～15 cm，最后设立防风支架固定，避免大风摇动。

（二）移蔸造林

截秆移蔸造林或称带秆移鞭造林，对母竹的要求和栽植方法与移竹造林基本相同，只是在母竹基部离地面 20～30 cm 处截去竹秆，在新竹发生之际应及时删笋去梢，每株母竹只留养 1～2 株新竹，并在新竹将要发枝时截去一半竹冠。移蔸造林的优点是运输方便，容易出笋成竹，缺点是新竹细小，成林、成材都较缓慢，若当年不长出新竹，翌年就不会再出新竹了。

（三）移鞭造林

在母竹不足的情况下，也可采用移鞭造林。移栽的竹鞭年龄以2～3年生为宜，竹鞭色黄而有光泽，每节的根系健全，侧芽饱满，挖取竹鞭时，切口平滑勿伤侧芽，多留根，多带宿土，母鞭长度要求在1.0～1.2 m，运输时注意保湿。栽植时每穴可栽两条竹鞭，先垫一层表土（厚15～20 cm），踏实，将鞭平放在上面，再覆土压实，盖土（厚10 cm左右），略高于地面，四周开好排水沟，可盖上稻草。在新竹分枝时摘除竹梢，并施追肥。移鞭造林的优点是运输方便，但是长的新竹细小，成林和成材时间较长，若当年不长新竹就失效了。该法多用于远距离的、既要求保持种质而又不能太笨重的引种。

（四）鞭节育苗造林

鞭节育苗造林也是解决母竹不足的一个重要途径。母鞭的选择与移鞭造林相似，不同的是鞭节育苗造林需先在圃地里开沟埋鞭育苗，翌年春季出圃造林，比移鞭造林成活率更高且便于管理。

五、幼林抚育

为了提高黄甜竹造林成活率和加快成林速度，对新造的黄甜竹林应进行灌溉排水、竹农间作、除草松土、合理施肥和护竹留笋等一系列抚育措施。

（一）灌溉排水

林地土壤的水分状况是影响黄甜竹造林成活率的重要因素。新栽母竹和竹苗经过挖、运和栽植，鞭根受到损伤，吸收水分的能力减弱，呼吸作用加强。若土壤水分不足，则母竹或新竹的鞭根吸水困难，不能满足枝叶蒸腾和同化作用的需要，因而失水枯死；若林地排水不良，水分滞积，充塞土壤间隙，则空气缺乏，不能进行正常的呼吸代谢，造成鞭根腐烂。只有在土壤湿润又不积水的条件下，鞭根才能既得到充裕的水分，又获得足够的空气，有利于吸收水分和恢复生长。新栽黄甜竹林如遇久旱不雨、土壤干燥，要适时适量浇水灌溉；而当久雨不晴、林地积水时，必须及时排水。

（1）灌溉方法。在水源取用方便的平地或缓坡地，可开水平沟引水自流灌溉；在水源取用困难的丘陵山地，应挑水逐株浇灌。灌水量以使母竹或竹苗的鞭根附近的土壤湿润为度。无法浇水的地方要在雨后立即进行松土、覆盖等保水措施，以减少水分蒸发。在生长季节浇水时，加入少量人粪尿或氮素肥料可以增强黄甜竹的抗旱能力。灌水后要锄松表土层，或加盖 2～3 cm 厚的细土，以降低蒸发量。在降水量少而集中、空气湿度低、旱期较长的条件下，母竹或竹苗的枝叶蒸腾量大，及时灌溉非常重要。要因时因地制宜，看天、看地、看竹浇水，保持竹林土壤湿润。这样的灌溉措施也适用于黄甜竹成林抚育管理。

（2）排水方法。在地下水位较高或容易积水的洼地，应在林地四周及中间开深而稍宽的边沟或腰沟，以利畅通地排除径流。如发现母竹或竹丛下沉和雨后积水，除要及时开沟排水外，还要提起母竹或竹丛，在穴中加填泥土后重新栽植，并培成馒头形。

（二）竹农间作

新造黄甜竹林在未成林郁闭前均可以实行竹农间作，以耕代抚，这是一种抚育黄甜竹幼林的好方法，可以充分利用光能和地力，有利于保持水土；防止杂草竞争，减少病虫危害；既可增加农作物收入，又能促进新竹生长。在地势平缓、土质好的新竹林中，可在竹丛的株行间全面整地；坡度较大的山地应在竹丛行间水平带状或块状整地。间种作物不能选择与竹林争肥、争水或攀绕竹株的品种，豆科植物（如蚕豆、豌豆、大豆、绿豆、赤豆等）、绿肥（如苕子、紫云英、苜蓿、田菁、猪屎豆等）和油菜等都是不错的选择，高秆作物（如玉米、高粱等）、地力消耗大的芝麻、大麻等作物不宜选用。在造林后的前 1～2 年内，也可间种块根作物如薯类和花生等。

为了达到竹农并茂，对间作物和新竹应同时进行中耕除草、施肥和病虫害防治等工作，间作物收获时，把秸秆留于林地耕入土中，作为林地有机肥料，提高土壤肥力。竹农间种必须以抚育竹林为主，在整地、中耕、收获时不要损伤鞭根、竹蔸和笋芽。随着黄甜竹竹鞭的蔓延生长，应逐年缩小间种面积，最后停止间作。

（三）除草松土

新造黄甜竹林竹稀疏，林地光照充足，容易滋生杂草灌木，因此要及时将其铲除，减少竹林水分和养分的消耗，确保竹林生长，避免病虫害发生。在新造竹林郁闭前，第1～2年除草2～3次，第3～4年除草1～2次。第1次在天气回暖的2—3月，及时除草，把杂草扑杀在萌芽时期，此时杂草扎根不深易除去和除尽。第2次在黄甜竹已完成出笋成竹的6—7月，此时竹鞭开始生长，梅雨季节林地上杂草较嫩，除后杂草易腐烂能增加土壤肥力，可促进竹鞭生长。第3次在黄甜竹行鞭排芽的9—10月进行，此时林地间杂草灌木生长旺盛与竹林争水争肥，但种子尚未成熟，此时松土除草利于竹子生长，也可大大减少翌年杂草。若每年进行一次除草松土，可在7—8月进行，此时高温多湿，除下的杂草易腐烂。

在已全面整地的平缓竹林地可全面除草松土，松土深度一般为15～20 cm，将杂草翻入土中作肥料。原来带状或块状整地的竹林地可在母竹周围扩大松土范围，深度为30 cm左右，挖掉树桩、石块、草根，2～3年逐步扩大达到连片全垦。林地坑塘要垫土填平，以利扩鞭。除草松土时不要损伤竹鞭、竹蔸和笋芽。

（四）合理施肥

竹子成活后开始行鞭、发笋，如栽竹时未施基肥，单靠土壤的自然肥力是不够的，需要及时施肥补充养分。合理施肥应做到因时因地制宜，根据竹子生长需要及造林地的土壤理化性质，缺什么补什么。一般来说，新造竹林各种肥料都可以使用，但应以土杂肥为主，尤其以厩肥、堆肥、饼肥为佳，也可以草代肥、割草埋青、铺草压青，再混施适量的化肥，以提高肥效。

迟效性的有机肥料宜在秋冬季节施用，既能增加林地肥力又可保持土温，更对新竹的鞭芽越冬有利。而速效性的化肥（如硫酸铵、尿素、过磷酸钙等）、饼肥和人粪尿等应在春夏季节施用，以便及时供应竹子生长的营养需要，避免肥料流失；此时还可以进行压青、埋青，诱导竹鞭向外扩伸，促进成林。在黄甜竹引种地区，入冬前把杂草秸秆均匀敷撒在林地上，再盖上一层土，有利于防寒越冬。有机肥料可在竹蔸周围开沟或挖穴施入，然后盖土，也可直接撒在林地上。每公顷新造竹林可施厩肥或土杂肥 22 500～37 500 kg。施用速效性化肥、饼肥和人粪尿时，最好在松土后进行，先将肥料用水冲稀，然后直接浇灌在竹蔸附近，以利鞭根吸收。每个竹蔸每次施化肥 0.15～0.25 kg，或饼肥 0.25～0.5 kg，或人粪尿适量。施磷肥可促进竹子开花，因此不宜直接施用，可以作为间种物的基肥。

（五）护竹留笋

新造的黄甜竹林由于土壤疏松，新竹尚未扎根，在大风暴雨后，常有新竹下陷、歪倒、露根、露鞭或因摇晃在地表形成穴洞而导致积水，出现这些情况须及时处理。为了避免牲畜践踏破坏，应严格禁止在新造竹林内放牧；笋期要特别看护，不准进入林内挖笋，只要不是死笋、过多的并生笋，应尽量留养，让其成竹，以增加竹子的叶面积，提高竹子的合成能力。一般秋后进行检查，母竹死亡率在 20%以上的要进行补植，在新竹抽枝后展叶前砍去 1/3 ～1/4 的竹梢，这样可减少蒸腾，提高抗旱能力，促进竹根和竹鞭的生长发育，并能防止风、雪危害。及时防治虫害，特别是食笋害虫和食叶害虫，它们对新竹林危害很大，必须及时防治。随着竹林的生长，新竹增加。待郁闭后进行适当间伐抚育，根据去小留大、去老留幼、去弱留强、去密留疏的原则，砍去矮小密集的老竹，疏去弱笋，逐步调整竹林结构。

六、成林抚育

黄甜竹属中小型竹，以食用为主，大多为纯林，经营集约程度高，精耕细作，一般都要进行松土、除草、施肥、挖蔸等抚育措施。

（一）护笋养竹

护笋养竹是提高竹林密度和增加产量、提高经济效益的关键措施之一。应做到合理疏笋，清除退笋，留养新竹。

（1）合理疏笋。黄甜竹笋期间（4月上旬至5月中旬）应加强管护，严禁在竹林内放牧，禁止非作业人员进入竹山，注意观察虫害，发现害虫虫口密度大时应及时喷药。出笋时节因气候不稳定忽冷忽热、时雨时晴，对新笋成竹影响很大，会造成退笋增多，降低成竹率，在寒潮来临之前于笋体上覆土或覆草和枯枝落叶可预防倒春寒；春旱因水分的缺乏影响笋体的细胞生长和竹叶光合作用，使养分减少，造成大量退笋，此时须及时灌溉。

疏笋是指竹笋出土后为了效益选择性地淘汰部分活笋使营养集中供应。据研究，有40%～60%的竹笋不能成竹，因此，合理疏笋不但能提高竹笋质量、成竹质量和经济效益，而且还能减少林地养分消耗。疏笋要做到适时、适度和适笋。疏笋的对象是病虫笋、路边笋、过密笋、小笋和歪笋等，保留粗壮、位置恰当的笋。疏笋时间随各地气候条件而异，一般来说，早期笋成竹率低，成竹质量尚可，可择其优者保留；盛期笋成竹率高，质量最好，应尽量少疏多留；后期笋成竹率较低，应多疏少留。过早、过迟出的零星笋，一律挖除。

疏笋强度随出笋情况而定，根据经营需要确定林地内的留笋数量，在气候好、易发笋的年份，应多疏笋；出笋多的竹林要多疏笋。为了集中营养供应给留养新竹的竹笋，疏笋次数宜多不宜少，及时疏，疏早、疏小，疏笋后及时覆土填平。

(2) 清除退笋。后期笋因刀伤、低温、干旱、病虫害、营养不足等原因会出现退笋，退笋一般有以下特征：初期，远看笋尖失去光泽，须毛逐渐枯萎，笋箨上茸毛下垂，高生长减缓直至停止；后期，笋尖小箨叶干枯，早晨笋尖无水珠（即没有吐水现象），箨毛枯萎，笋箨稍松散，或抱紧或松散，无光泽，变色成深褐色、白色或淡红色，箨舌紫色，箨耳呈红色。剥开笋壳可见笋肉呈现青紫色或黄色，退笋越久笋肉越黄。退笋必须及时挖除，否则会变质腐烂，降低食用价值，而且会招来笋泉蝇的寄生、繁殖。

退笋的特征因所处的立地条件、天气、观察时间等不同而出现差异，要在实践中反复观察识别。

（二）劈山

劈山是指清理竹林内的杂草、灌木丛，清除物可铺于林地，腐烂后作肥料。劈山有以下好处：一是既可以防止杂草、灌木与竹林争夺水分和营养，又能提高竹林的土壤肥力；二是清理了病、虫的中间寄主和害兽的栖息场所和易燃物，减少竹林的病、虫、野兽危害和火灾的发生；三是便于竹材的采伐和运输。实践证明，劈山是黄甜竹林抚育主要措施之一，尤其是对于野生荒芜的低产林，劈山后可以增产20%～30%的新竹。

劈山宜在气温高、湿度大、灌木杂草嫩、养分较丰富、易腐烂、肥效高的7月进行，此时省工省力；或在白露前后（9月），杂草、灌木种子尚未成熟，可抑制其繁殖，此时杂草、灌木充分生长，种子未成熟，劈山后易腐烂肥效高，不易萌发。每年可进行1～2次，若劳动力充足，最好劈山2次。劈山贵在坚持，开始1年劈2次，减弱杂草、灌木生长，随着竹林的成长，郁闭度逐渐提高，因光照减少，杂草和灌木减少。劈山时使用劈山刀，劈山刀分为双手刀和单手刀。双手刀形似一般柴刀，刀柄长约60 cm，使用时两手握住刀柄，刀口向下劈除杂草、灌木。单手刀形似割草刀，手柄长约30 cm，使用时右手持刀柄，左手持一竹枝小扫帚，用扫帚将柴草压住，齐根劈下。双手刀工效高，适于地形较为一致的竹林。单手刀劈得彻底，效果好，适于地形较复杂的竹林。

为了黄甜竹扩鞭，增加竹林面积，防止火灾的发生和蔓延，劈山时要做到：柴草劈尽，树蔸尽量留矮，竹林边缘干净无杂草。同时清除细弱、畸形和病虫竹及风倒、雪压、断梢竹。为了减少病虫害的发生，在黄甜竹纯林周围尽量留些混交树种以利于害虫天敌的生存。

（三）松土

松土清除了竹蔸、树蔸及石头将杂草、灌木翻入土中，既增加了土壤肥力改善土壤理化性质，又提高土壤的保水、保肥和透气能力和土壤的有效空间，同时促进了黄甜竹地下竹鞭的生长发育，是培育笋用林黄甜竹丰产的主要抚育措施之一。黄甜竹林松土后一般可以增产 30%左右的新竹。为防止水土流失，在平缓地（20°以下）的林地可以全面松土；坡度较大（20°～35°）可沿等高线进行带状松土，带宽及带间距离 3 m 左右，隔年隔带轮流松土；坡陡（35°以上）的竹林则不建议松土。

松土时间以 6—7 月为最好，其次是 9—10 月，前者称铲伏山，后者称挖冬山。伏山宜浅，冬山宜深；大年宜浅，小年宜深。

一年松土一次的，在 6—7 月全面松土一次，深 15 cm 左右，到翌年冬季再深翻一次，深度在 25 cm 左右。一般隔年作业竹林，松土最好在出笋成竹后（大年）的冬季进行，此时鞭上的笋芽很少发育，不易受损伤；松土时注意保护活鞭和笋芽。竹林边缘 3 m 左右宽的地方也应松土，促进新鞭蔓延。在以往没有松土垦覆的竹林中，第一次松土后，翌年竹林产量可能会下降，主要原因是鞭根系统损伤较多，短时间不易恢复，故初次松土深度可稍浅些，一般为 15～20 cm，以后逐步加深。

松土原则：挖除杂草、灌木根系、竹蔸、老鞭、死鞭，去除土中的大石块，同时避免损伤壮鞭和笋芽。

（四）施肥

黄甜竹生长快、产量高、吸收土壤养分多，伐竹和采笋时带走大量营养物质，因此必须通过施肥补充营养物质来保证黄甜竹林的可持续生产。黄甜竹所需要的营养元素，一般可以从土壤中得到，但竹子对氮、磷、钾需求量大，土壤中供肥不足，应通过施肥来补充。

（1）施肥量。黄甜竹林的施肥量，可根据竹林林地土壤肥力状况来确定。根据国内研究资料，黄甜竹生长对氮、磷、钾的比例要求为 5∶1∶7；但是在确定施肥量时，还要考虑肥料的利用率。

黄甜竹林提倡施有机肥，因为有机肥具有改良土壤理化性质和提供多种养分的作用，且柴草嫩叶来源丰富，可就地取材，是山地黄甜竹林的优质肥源；也可在林间空地、林缘套种绿肥，每年可埋青作肥料。据研究，有机肥中以饼肥为宜，猪栏肥次之，干稻草、青草和塘泥较差。若有条件，每年每公顷竹林可施饼肥 2 250～3 000 kg，或厩肥、堆肥、垃圾肥、绿肥、嫩草肥等 37 500～45 000 kg，或塘泥 75 000～150 000 kg。施用有机肥的黄甜竹林的竹笋产量高、竹材质量好（竹腔壁厚），增产的持续时间长。近年来，我国南方地区对黄甜竹林化肥施用情况进行了广泛的研究。从黄甜竹中心产区的试验结果来看：氮、磷、钾三要素的施肥效应不同，单施磷、钾肥的效果并不特别显著，而单施氮的效果却非常显著，每公顷施尿素 225～300 kg，增产幅度可达 50%～100%。这是因为一般土壤母质中，钾的含量较充足，磷的需要量并不是很大。一般竹林施复合肥效果最好，可按氮∶磷∶钾为 5∶3∶2 的比例混合施用。中、高产黄甜竹林每公顷可施氮 225～300 kg、磷 120～180 kg、钾 90～120 kg，氮最多不超过 375 kg。低产黄甜竹林施肥效果不如中、高产黄甜竹林。据国外报道，使用硅肥可使毛竹林增产和增强抗病性，但据国内研究，我国一般竹林硅素营养不缺乏，且施用硅肥可能阻碍出笋成竹、降低产量。

（2）施肥时间。施肥时间要根据肥料种类和竹子生长规律不同而定。一般迟效性有机肥在冬季松土前施用，并埋入土中。对速效性化肥的施用国内外有不同看法：有的主张出笋前施，有的主张在笋芽分化期施。从大多数试验来看：一般在出笋年份6—7月施用有利于行鞭，使新枝新叶茂密浓绿，增强整个林分同化效率，积累大量干物质；在8—9月施用有利于笋芽分化，对翌年出笋成竹的数量和质量影响很大，这也是生产上普遍采用的时期。而在出笋前2—3月施用，对新竹质量和产量也有效果。另外，笋期施肥要慎重，如在笋周围施用过多反而造成退笋，一般笋期施人粪尿较适宜。

（3）施肥方法。不论施有机肥还是化肥都提倡深施，不宜面施。面施挥发多、易流失，有机肥也难以转化为腐殖质，而且容易诱导鞭梢向上，产生浮鞭。目前，生产上一般采用撒施、沟施、竹蔸施和伐桩施等几种。撒施适用于有机肥和化肥，是一种与松土相结合的施肥方法。其做法是：先将化肥均匀撒在林地上（或将有机肥均匀铺在面上），而后再松土埋入土中。开沟施肥是在林地内开深、宽都为20 cm的水平沟（有机肥要更深更宽些），沟距3～4 m，肥料撒入沟内后，回土覆盖。竹蔸施肥是在竹秆基部上方30 cm左右开半圆形沟，深20 cm、宽15 cm，撒入化肥后，覆土盖好。伐桩施肥是在竹子砍伐后不久的伐桩中，用铁杆打破节隔，施入化肥，然后用泥土封好。伐桩施肥具有吸收率高、速度快、操作简便、加速伐桩腐烂又不伤鞭等优点。伐桩施肥提倡当年砍竹当年施，一般施碳酸氢铵（NH_4HCO_3）较为经济。近年来，有人在地形复杂、坡度较陡、大暴雨较频繁、松土后容易引起水、土、肥流失的竹林中进行了黄甜竹林免耕施肥试验，效果较好，其中浙江省丽水市林业科学院对黄甜竹竹腔施肥做过试验，每株注射BNP增产剂3 mL，效果很好。

各种施肥方法在短期内对肥效有显著影响，年数延长，差别缩小，在常用的撒施、沟施、竹蔸施和伐桩施中，撒施肥效发挥最快，竹蔸施、伐桩施肥效较慢，沟施中等，综合起来以沟施为好。

（五）竹林结构调控

合理的竹林空间分布格局是充分利用光能和土壤空间促进高产的主要因素之一。竹林结构调整，就是要使竹林空间分布格局合理化，从而获得竹笋高产。竹林结构主要包括，地上部分的立竹量（竹林密度）、胸径、叶面积指数、立竹年龄、立竹的均匀度和通透性，以及地下部分的鞭根系统。由于竹林本身变化大，加上测定困难，生产上一般不采用叶面积指数，而是通过立竹密度、胸径、留枝盘数粗略调控。地下部分的调控主要通过竹鞭系统。

（1）立竹密度。黄甜竹的丰产林立竹密度大体范围为 9 000～12 000 株/hm^2，立竹密度取决于立竹粗度。一般当立竹粗度（胸径）3.5 cm 以上时，立竹密度为 9 000～10 000 株/hm^2。当立竹粗度在 3.0～3.5 cm 时，立竹密度为 10 000～12 000 株/hm^2。一般丰产林立竹粗度应在 3.3 cm 以上。栽植前几年，新竹平均胸径逐年增大，1～4 年间胸径增长率达最大值。通过施肥、增土、调整林分结构等外界因素促进竹笋的生长，保持每年新竹胸径。林内立竹应均匀分布。

（2）立竹年龄结构。立竹年龄宜保持在 1～4 年生，其中 1～3 年生竹应各占 30%，4～5 年生竹占 10%。根据试验，黄甜竹 2～4 年生竹的叶面积分别是 1 年生竹的 240%、319%、366%。黄甜竹 2～4 年生竹的根系重量分别是 1 年生竹的 149%、175%、148%。黄甜竹的竹叶叶绿素含量以 2 年生竹的最高，以后迅速下降。一般黄甜竹出笋率以 2～3 年生竹最强，4～5 年生竹下降，6 年生以上的老竹应伐除。要动态保持竹林密度和竹龄结构，即每年留养新竹、伐除老竹，新竹每年留养 2 700～3 600 株/hm^2，时间在出笋盛期。母竹留养要分布均匀、健壮、无病虫害。老竹伐除时间最好在新竹成林后的 6 月，结合松土连竹蔸一起挖去。

（3）钩梢。黄甜竹节间长，秆壁脆，易折断，竹叶集中在上中段，呈倒三角形，浙江栽培黄甜竹容易暴雨倒竹、雪压断竹，留养的新竹需钩梢。钩梢可降低竹林高度，改善林地光照条件，防止暴雨倒竹、雪压断竹。钩梢可在6—9月进行，6月钩梢，在新竹展枝放叶后进行，可用高枝剪剪去顶梢，控制顶端优势，减少竹梢养分、水分的消耗，促进地下鞭根的生长，但如果去梢过早，会使竹秆变脆，降低抗风雪的能力；9月钩梢在白露前后，可用刀斩竹梢，此时木质化程度提高，增强了抵抗风雪的能力，但如钩梢偏迟，竹梢顶端生长会消耗较多养分，抑制下部枝叶及地下鞭根的生长。竹梢也是进行光合作用的主要部位。在钩梢时，既要考虑到避免暴雨倒竹、冬季雪压断竹的需要，又要保证有足够的叶面积指数，钩梢强度一般以留枝8～12档为宜，约钩去竹秆高度的1/3。

（六）合理采伐

黄甜竹的采伐既是利用，又是抚育。合理的采伐不仅确保了竹材的质量，而且也合理地调整了竹林的地上部分结构，为黄甜竹林的高产稳产创造良好的基础。因此，黄甜竹林的采伐必须掌握好采伐年龄、采伐季节、采伐强度及采伐方式等。

（1）采伐年龄。竹林为异龄林，一般只能采用择伐方式采伐已达采伐年龄的竹株。据研究，黄甜竹林的采伐年龄，原则应该是对不足3年生的竹子留养，4年生竹抽砍，5年生竹填空，6年生以上竹伐除，即目前黄甜竹产区普遍实行的“留3去4不留6”。为了正确识别竹子的年龄，最好是在每年新竹成竹后，用记号笔在竹秆上标上记号，即“号竹”，标记生长年份和林权所有人。它不易褪色，可长期保存，便于经营管理。也可根据小竹枝上的换叶龄痕数，或竹秆色泽、竹节有无白粉、竹箨是否残存等确定竹龄。

（2）采伐季节。采伐季节根据竹子的生长规律和提供竹材质量状况综合考虑，不宜在生长春夏季进行，因为此时生理代谢活动旺盛，伐竹会引起大量伤流，在笋期易导致退笋增多，新竹减少或形成节密而尖削的刀伤竹；同样，夏季伐竹黄甜竹的伤流量很大，这些伤流液营养丰富，留在竹林内极易发酵，引起竹鞭、竹蔸腐烂；而且这时砍下的竹材糖分含量高，易于虫蛀、腐烂，降低利用价值。因此一般竹林的砍伐活动宜在冬季低温干燥、竹子生理活动减弱、竹液流动缓慢时进行，这时砍伐不会影响竹林生长，而且竹材力学性质好，不易被虫蛀。

对于隔年作业的黄甜竹林，每2年采伐1次，在出笋当年的秋冬季至翌年初春进行，孕笋期不能伐竹。对于年年出笋换叶、均年作业的黄甜竹林，可于每年秋冬季伐竹，砍去竹叶发黄的残次竹，保留竹叶茂盛的壮年竹。

（3）采伐强度。要保证竹林生长旺盛和高产稳产，必须保持合理的立竹度。在竹林单位面积上采伐竹子的数量就是采伐强度即采伐量。若采伐量过大，过度采伐，会减少立竹度，使竹林稀疏，新竹发枝低，蒲头大、梢头细，竹叶量少，光合作用弱，营养少，新竹产量低；若采伐量太少，竹林过密，老竹多，出笋减少，新鞭发展受阻，有效林地少，竹林会退败。

合理的立竹度与立地条件和经营水平等有密切关系。一般立地条件好的比立地条件差的竹林的土壤养分丰富，立竹度可大些；集约经营的竹林比粗放经营的竹林的立竹度应大些。在确定竹林合理立竹度时，还要注意立竹的年龄组成和分布状况。立竹的年龄组成原则上应以幼壮龄竹与中龄竹为主，且尽量做到竹林分布疏密均匀。

目前，根据各地经验，丰产黄甜竹林郁闭度为0.7～0.8，集约经营高产黄甜竹林的立竹度要求在9 000株/hm^2以上，叶面积指数达到7～8 ，而且要求均匀分布。黄甜竹林年龄组成最好是1、2、3年生各占30%左右，4～5年生占10%左右。这种结构的林分新竹生长粗、发枝高、节间长、秆形直、材质好，能高产稳产。

（4）采伐方式。根据竹林的立竹度确定伐竹数量，再按竹株年龄，综合竹林的分布状况、生长状况和病虫害情况等，选出要砍伐的竹株，标上记号，做到伐老留幼、伐小留大、伐密留稀、伐弱留壮；还应保留空膛竹，不伐林缘竹。对于畸形、弯曲、病虫株，应及时伐除。

黄甜竹林采伐方式有带蔸伐竹法和齐地伐竹法两种。

①带蔸伐竹法。黄甜竹需要带有全部或部分竹蔸，采伐时，先

挖开竹蔸周围的泥土，再从竹蔸基部砍断竹根，连蔸挖起，挖后填平空穴。

②齐地伐竹法。使用工具，齐地砍倒竹子，伐竹时应尽量降低伐桩，节约竹材，并随即打通竹蔸节隔，以促其加速腐烂。

七、竹笋采收

黄甜竹笋壳厚而笋肉特别嫩，不用像旱竹笋（雷笋）那样一见竹笋露头就挖。可以等黄甜竹笋长出地面15～25 cm后再挖，这样可大大提高黄甜竹笋的单株质量。挖笋时用笋锄或笋撬从笋基部切断，整株挖起，注意不要损伤竹鞭。普通栽培的出笋期在4月上旬至5月中旬，这期间可1～2 d挖笋一次。除了挖笋，还要注意新竹的留养。留养新竹一般在谷雨后至立夏前进行，过早则影响当年笋产量，过迟则笋期虫害增加，母竹留养困难。除留养母竹以外，其余的笋全部采挖。采收时宜采用竹筐装笋，减轻笋的损伤。

八、病虫害防治

黄甜竹的害虫按危害竹子的部位分为竹笋害虫、竹叶害虫和竹枝、竹秆害虫等，竹笋害虫因其危害竹笋幼嫩部分，包括危害已出土生长但未脱笋箨的竹笋和地下的竹笋嫩根、竹鞭、鞭根及鞭上的顶芽（又称鞭笋），使大量竹笋变为退笋，形成低产林，如竹笋夜蛾、竹蚜虫、金针虫、竹疹病、竹煤污病等对黄甜竹危害率高达90%，尤以竹笋夜蛾危害最大，严重影响翌年出笋数量和质量，制约了笋用林的持续稳定发展。

病虫害防治坚持“预防为主、综合治理”的方针，优先采用营林措施，及时清理竹园和病株，消灭林内病虫源和传播源，减少林内病虫害的发生，维护竹林周边森林生态环境，促进生态平衡；其次提倡使用物理防治法，根据害虫生物习性利用简单的工具进行人工捕杀，或利用害虫趋性将其诱杀，或在每年4月之前用刀刮除竹秆上病菌冬孢子堆及周围部分竹青，此法可防治竹秆锈病；或以虫防虫的生物防治，如白僵菌；只有在病虫害大量发生等不得已时才能使用化学防治，也要秉持限量、低毒、低残留的原则，严格控制施药量、施药次数，正确施用。

黄甜竹的发展应推行适度规模化经营，加快竹的产业化进程，并按照笋用林技术规范进行生产，使竹笋农药残留、重金属、硝酸盐、有害病原微生物等各项指标均符合食用安全标准，做到“产前、产中、产后”这 3 个环节严格把控，生产高质量高品质的鲜笋，提高竹笋价格，实现良好的经济效益，确保黄甜竹产业的可持续发展。

第三章　黄甜竹笋期调控技术

在浙江丽水，黄甜竹的自然出笋期在4月上旬至5月中旬，从南到北逐渐推迟，根据浙江省丽水市林业科学研究院的高山引种和覆盖试验可以看出，温度对黄甜竹的出笋影响极显著，竹林的出笋期因生长环境的改变而改变，在水肥充足的情况下温度是决定性因素，为了提高经济效益采取营林措施提早或延迟出笋，使黄甜竹的笋期得到延伸，与其他竹种的出笋期错开，摆脱出笋旺季的价格低迷，切实提高黄甜竹的经济效益。

一、黄甜竹覆盖提早出笋技术

据试验，林地温度的升高能促进黄甜竹笋芽萌发，提早出笋。为了提高经济效益，使黄甜竹笋在春节前投放市场，可在11月上旬，对黄甜竹林地进行覆盖，覆盖谷壳＋麦壳，可以使出笋期提前3个月左右即春节期间，因为覆盖，保温保湿肥料也被充分吸收，黄甜竹林竹笋的总产量大幅度提高，经济效益十分显著。杏鲍菇废菌糠和麦壳都可以作为黄甜竹林地覆盖的发热保温材料，覆盖材料不但对竹笋产量有影响，对竹鞭的生长也有影响。

（一）覆盖成效

通过试验，以杏鲍菇废菌糠或麦壳覆盖的黄甜竹林地比未覆盖林地的土温增加了5～19 ℃，且土温随覆盖厚度的增加而增加。在保温保湿的条件下，覆盖杏鲍菇废菌糠10 cm和覆盖麦壳8 cm时都比不覆盖的出笋量高，分别提高了8.5%和19.0%，但覆盖厚度与出笋量又呈负相关，随着覆盖厚度的增加，减少的幅度也在增大，说明覆盖厚度不是越大越好，要控制在一定的范围。出笋时间覆盖的比不覆盖的提早了3个月，笋期最长的延长了52 d，比孟勇等的研究结果提前了4 d开始，推迟了2 d结束，效果更明显（表3－1）。杏鲍菇废菌糠覆盖处理黄甜竹的浮鞭条数、平均长度显著大于麦壳覆盖处理的（表3－2）。竹林地被覆盖后，保湿保墒能力增强，腐殖质迅速分解，可有效增加林地肥力，有利于竹林鞭系的发育和孕鞭育笋，增产效果较好，稻草覆盖对增加林地肥力不显著，增产效果不明显。

利用覆盖技术提早黄甜竹出笋，延长出笋期，选用麦壳作发热材料，厚度控制在8 cm左右，然后加盖20 cm厚的谷壳保温材料，既可延长出笋时间，又能获得更大竹笋产量，并可将浮鞭数量控制在最低水平，达到最佳覆盖效果。

不同的覆盖材料对黄甜竹浮鞭生长和肥效不同，杏鲍菇废菌糠的肥效高，浮鞭多于麦壳覆盖。生产中应就地取材选取覆盖材料，降低成本，提高投入产出比。

表3－1　不同覆盖处理的出笋情况统计

处理	出笋初期			出笋盛期			出笋末期			出笋期合计天数(d)	样地处理面积内出笋量(个)
	出笋时间(月.日)	天数(d)	比例(%)	出笋时间(月.日)	天数(d)	比例(%)	出笋时间(月.日)	天数(d)	比例(%)		
A1	01.09—02.14	37	18.73	02.15—03.23	37	70.09	03.24—04.10	18	11.18	92	331
A2	01.13—02.10	29	12.36	02.11—03.19	37	73.03	03.20—04.09	21	14.61	87	267
A3	01.17—02.18	33	14.98	02.19—03.23	33	73.57	03.24—04.05	13	11.45	79	227
A4	01.01—02.06	37	20.11	02.07—03.13	35	68.04	03.14—04.07	25	11.85	97	363

(续)

处理	出笋初期			出笋盛期			出笋末期			出笋期合计天数(d)	样地处理面积内出笋量(个)
	出笋时间(月.日)	天数(d)	比例(%)	出笋时间(月.日)	天数(d)	比例(%)	出笋时间(月.日)	天数(d)	比例(%)		
A5	01.05—02.06	33	16.73	02.07—03.15	33	72.12	03.16—04.09	24	11.15	90	269
A6	01.09—02.10	33	11.16	02.11—03.18	36	78.14	03.19—04.08	21	10.7	90	215
A7	04.01—04.09	9	9.3	04.10—05.03	24	81.83	05.04—05.15	12	8.87	45	305

注:"比例"指此期出笋数占该处理出笋总数的百分比。A1至A7样地大小均为8 m×8 m。A1、A2和A3均覆盖杏鲍菇废菌糠,其厚度分别为10 cm、15 cm、20 cm;A4、A5、A6均覆盖麦壳,其厚度分别为8 cm、12 cm、16 cm;A7为未覆盖。

表3-2 覆盖基地浮鞭统计

处理	鞭根数(条)	鞭长(cm)	鞭径(cm)
A1	23aA	31.47aA	1.50a
A2	24aA	36.21bA	1.62a
A3	24aA	39.85aA	1.71a
A4	13bB	14.36bB	1.43b
A5	13bB	16.76bB	1.45b
A6	14bB	18.24bB	1.47b
A7	0	0	0

注:表中同列不同大、小写字母分别表示处理间差异极显著($P<0.01$)和显著($P<0.05$)。

(二)覆盖技术

采用双层覆盖法,即下层为发热层,上层为保温层。下层采用竹叶、杂草、稻草、新鲜猪牛厩肥等发热增温材料,上层采用木屑、谷壳等保温材料。

①施肥整地。10月底,挖穴深25~30 cm,穴距2 m,施复合肥1 500 kg/hm^2,整平竹林基地,浇水,使土壤湿润。

②覆盖浇水。11 月初覆盖一半的麦壳厚度（4 cm 厚）（或杏鲍菇废菌糠），浇水湿度在 50%～80%。若天气干旱，隔 7～10 d 浇一次水。若天气温度较高，覆盖土壤中的温度超过 27 ℃时，要清除部分麦壳或杏鲍菇废菌糠，减小覆盖厚度，降低温度。

③保温覆盖。翌年 1 月（最冷时），覆盖另一半麦壳（杏鲍菇废菌糠）（厚度 4 cm），15～30 d 后土壤中温度若降至 20 ℃以下，再覆盖 20 cm 厚的谷壳。覆盖土壤中的温度超过 27 ℃时，要清除部分谷壳，减小覆盖厚度，降低温度。

④挖笋覆土。黄甜笋生长到覆盖物表面，用锄头依次拨开谷壳和麦壳，翻开泥土，从笋基部切断，整株挖起，再依次覆盖泥土、麦壳（杏鲍菇废菌糠）和谷壳。

⑤清除覆盖。4 月中旬清除覆盖物，将其用袋子装好，防止竹鞭上浮。

二、黄甜竹延迟出笋技术

（一）试验成效

试验结果表明，不同海拔因气温回升时间不同出笋时间也相差很大（表 3－3），高海拔（850 m）比低海拔（140 m）的出笋期延迟 1 个月左右（29 d），出笋结束也延迟 1 个月，出笋期长 5 d；出笋时及时挖笋的比不挖的（和挖一半的）笋期要延长（表 3－4），低海拔的延长 16 d，高海拔的延长 20 d。在海拔 850 m 的竹林中，采取竹笋全部挖取处理时，出笋期长达 70 d，比不挖笋处理延长了 20 d，出笋量多达 56 115 株/hm^2，竹笋产量高达 17 399.25 kg/hm^2（表 3－5），出笋数量增多，增产明显。

试验说明，随着海拔的升高，气温下降，黄甜竹出笋期延迟；挖掘竹笋消除顶端优势，促进附近笋芽的分化，笋期增施速效复合肥，施足育笋肥，养分集中供应，促进笋芽出土成笋，增加出笋数量，提高了产量，拉长出笋结束时间，延长了笋期。

表 3-3 不同海拔竹林黄甜竹出笋情况统计

处理	初期		盛期		末期		总出笋期（d）
	日期（月.日）	天数（d）	日期（月.日）	天数（d）	日期（月.日）	天数（d）	
A1	04.01—04.09	9	04.10—05.03	24	05.04—05.15	12	45
B1	04.30—05.08	9	05.09—06.06	29	06.07—06.18	12	50

注：A1 海拔 140 m，B1 海拔 850 m。

表 3-4 不同挖笋措施下黄甜竹出笋时间的比较

处理	初期		盛期		末期		总计笋期（d）
	日期（月.日）	天数（d）	日期（月.日）	天数（d）	日期（月.日）	天数（d）	
A1（CK）	04.01—04.09	9	04.10—05.03	24	05.04—05.15	12	45
A2	03.31—04.12	13	04.13—05.10	29	05.11—05.26	16	57
A3	04.01—04.10	10	04.11—05.12	32	05.13—06.01	20	62
B1（CK）	04.30—05.08	9	05.09—06.06	29	06.07—06.18	12	50
B2	04.28—05.09	12	05.10—06.11	33	06.12—06.24	13	58
B3	04.28—05.09	12	05.10—06.15	37	06.16—07.06	21	70

注：A1、B1 出笋时不挖，A2、B2 出笋时挖一半，A3、B3 出笋时及时全挖。

表 3-5 不同挖笋措施下黄甜竹出笋产量的比较

处理	出笋量（株/ hm^2）	平均地径（cm）	产量（kg/ hm^2）
A1（CK）	47 670 cB	4.53 aA	16 648.95 cB
A2	51 120 bB	4.49 aA	17 383.65 bB
A3	56 580 aA	4.45 aA	18 180.90 aA
B1（CK）	46 260 cB	4.41 aA	15 257.70 cB
B2	49 395 bB	4.38 aA	15 804.75 bB
B3	56 115 aA	4.35 aA	17 399.25 aA

注：同列不同小、大写字母分别表示处理间差异显著（$P<0.05$）、极显著（$P<0.01$）。

（二）技术措施

①立地条件。（丽水莲都）选择海拔 850 m 以上朝北的黄甜竹

基地，纬度越往北，黄甜竹基地出笋时间越延长，效果越好。如温度低于−13 ℃，黄甜竹容易受冻害。

②挖笋施肥。在黄甜笋长到 25 cm 高时，第一次挖除黄甜笋，并挖穴深 25～30 cm，穴距 1 m，施速效复合肥 150 kg/hm^2。以后每次黄甜竹笋长到 25 cm 高时，及时挖除竹笋。

③留养新竹。由于需要竹子更新，在生产中竹笋不宜全部挖出，在出笋高峰后期每年留养新竹 2 700～3 600 株/hm^2。留养的新竹要健壮、无病虫害，且分布均匀。

第四章　黄甜竹笋保鲜及贮运

黄甜竹笋肉质鲜嫩、口味佳，深受广大消费者喜爱。由于黄甜竹笋非常鲜嫩，故比一般竹笋更容易变质、腐烂，易遭虫害，严重影响鲜笋的商品性和加工性能，因此，保鲜对黄甜竹笋尤为重要。

从竹笋鲜食和加工贮运考虑，竹笋保鲜主要分鲜笋保鲜和熟笋保鲜。鲜笋保鲜分带壳鲜笋和鲜切笋的保鲜，鲜笋的保鲜贮运、冷藏保鲜技术，保鲜期在 2 周，基本可满足鲜笋的产销需要，适合从事竹笋生产和销售的农户、企业和超市采用。熟笋保鲜适合中小规模加工厂，贮藏再加工的原料或在竹笋淡季直接供应市场，投资少，见效快，是目前竹笋初加工的主要形式。

一、带壳鲜笋的保鲜贮运

1. 黄甜竹笋保鲜贮运　为最大程度地确保人们餐桌上竹笋的新鲜度，应当把当天采挖的竹笋装入薄膜中，扎紧袋口，每袋 20 kg，运输途中温度控制在 5 ℃进行低温保鲜，并及时运往销售市场。

2. 黄甜竹笋冷藏保鲜　因黄甜竹笋期较短，上市集中，给运输和销售造成了一定的困难，用冷藏可以有效地延长保鲜期。在－5 ℃、相对湿度 90%的条件下，进行带壳冷藏，能保鲜 1 个月，可有效延长保鲜期。

二、鲜切笋的冷藏保鲜

鲜切笋产业是近年来快速发展的一个冷链蔬菜产业，以加工烹饪方便和无固体废弃物笋壳污染等优点深受城市消费者欢迎，也适合竹笋的深加工，因此鲜笋的鲜切冷藏保鲜是竹笋保鲜的主要途径。随着科学技术的发展，去壳净笋的保鲜方法多种多样，包括UV－C辐照冷藏保鲜、减压冷藏保鲜、高压电场冷藏保鲜、褪黑素冷藏保鲜等，这些保鲜方法都是物理方法，无化学污染，各有所长，可根据具体情况选择。

鲜切笋的预处理：将新鲜且笋体无机械损伤、无病虫害的鲜笋3 h内运回，去除笋壳，切除基部不可食用部分，并保持基部切口平整，用自来水冲洗干净后放置于阴凉通风处沥干水分，可直接冷藏保鲜，也可采用其他辅助措施冷藏保鲜。

（一）UV－C辐照冷藏保鲜

UV－C是波长介于200～280 nm范围的短波紫外光，UV－C辐照有助于降低呼吸速率和抑制腐烂率，通过提升抗氧化防御系统和促进脯氨酸累积来提高采后竹笋对冷害的耐受性，适当剂量的UV－C辐照处理能够有效抑制冷藏鲜切黄甜竹笋的木质纤维化进程，延缓褐变，保持产品感官和食用品质。UV－C辐照冷藏至第10天可食用率达80.2%，仍然保持较好的食用品质。UV－C辐照冷藏保鲜是一种无化学污染的物理方法，可以作为黄甜竹笋采后贮藏保鲜的一种新方法。

经预处理的鲜切笋用UV－C辐照基部切口位置，辐照强度为2.6 kJ/m²，然后将鲜笋装于塑料筐中，套0.05 mm厚的聚乙烯袋，不封口，置于6 ℃的恒温恒湿箱中贮藏。

（二）减压冷藏保鲜

竹笋采收期间的机械损伤等诱发采后竹笋组织中纤维素和木质素的持续快速合成及笋肉硬度快速增加，这是引起鲜笋食用品质快速下降的一个主要原因。减压冷藏能够通过降低贮藏环境的气压进而降低氧气含量进而抑制呼吸，并能够快速去除呼吸热，延缓黄甜竹笋木质化、褐变进程，有效维持了细胞膜的完整性，抑制了笋肉组织中纤维素和木质素含量及硬度的上升，进而延缓了产品感官和食用品质的下降。减压冷藏至第 10 天可食用率达 82.2%，可以作为鲜切笋采后保鲜的一种新方法。

减压贮藏设备如图 4－1 所示。

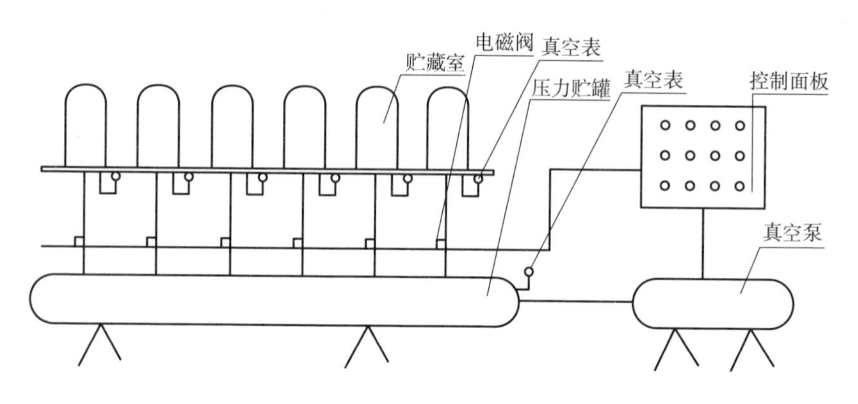

图 4－1　减压贮藏设备

经预处理的鲜笋可在（55±5）kPa、（6 ± 1）℃ 、相对湿度 85%～90%的环境下贮藏。

（三）高压电场冷藏保鲜

高压电场处理能够产生臭氧、影响细胞膜的渗透性和一系列酶的活性、抑制微生物生长，从而实现延缓农产品品质下降和延长贮藏货架期的效果。高压电场处理能够有效抑制冷藏黄甜竹笋的呼吸，延缓木质纤维化进程，延缓褐变，延缓营养成分的消耗和品质下降。高压静电场处理作为一种物理处理方法，无化学和辐照残留，无加热效应，设备简单，经处理冷藏 10 d，可食用率为 86.6%，可以作为鲜切笋贮藏保鲜的一种新方法。

将无机械损伤、无病虫害的鲜笋在 3 h 内运回，用消毒液（150 μL/L 的次氯酸钠）消毒后的器具将其基部不可食用部分切除，剥除笋壳，用消毒液浸泡消毒 5 min，用自来水冲洗于阴凉通风处晾干 10 min，然后于高压电场（高压电场实验设备结构原理如图 4-2 所示）（600 kV/m）处理 120 min，置于消毒沥干的沥水筐内，外面套 0.05 mm 厚的聚乙烯薄膜袋，敞口置于（6±1）℃、相对湿度 80%～85%的恒温恒湿箱（Sanyo，MIR-554）中贮藏。

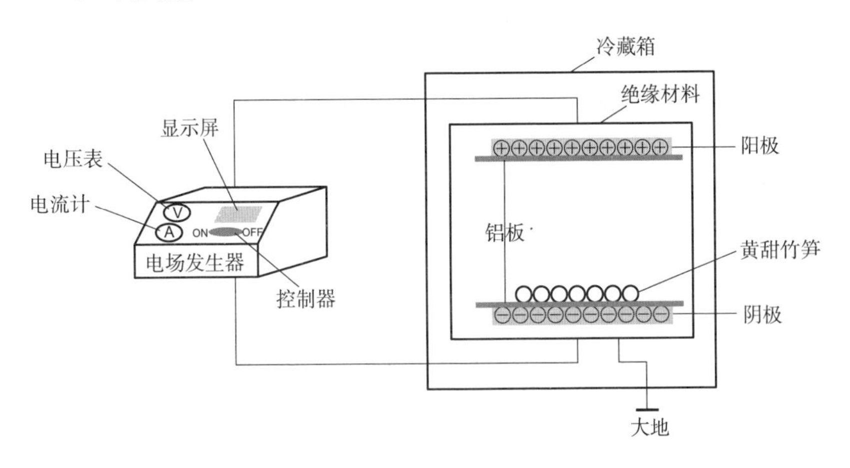

图 4-2　高压电场冷藏保鲜

（四）褪黑素冷藏保鲜

褪黑素（Melatonin，N-乙酰基-5-甲氧基色胺，MT）是一种色氨酸衍生物，不仅存在于哺乳动物体内，也广泛存在于植物组织中，用褪黑素对采摘的果蔬进行处理能抑制其木质化、提高抗氧化能力及延缓褐变。研究发现，经褪黑素处理能够有效调控冷藏下鲜切笋的木质素合成代谢和褐变关键酶及其基因的表达水平，能达到延缓木质化进程、维持细胞膜的完整性及抑制褐变的效果，延缓了笋肉组织硬度上升和木质素的累积进而较好地保持了鲜切笋的感官及食用品质，不失为鲜切笋冷藏保鲜的一种新方法。

采挖的黄甜竹笋 2 h 内运回，挑选外观完好、无病虫害的笋，切除基部不可食用部分，剥除笋壳，用 150 μL/L 次氯酸钠溶液浸泡 5 min，然后用自来水冲洗 3～4 遍，再浸入 0.2 mmol/L 褪黑素溶液（含 0.05%的吐温-80 和 3 mL 无水乙醇）中，室温下浸泡 30 min，捞出后于阴凉通风处晾干，再放入清洗消毒过的塑料筐中，筐外套 0.05 mm 厚的聚乙烯薄膜袋，不封口，置于温度（6±1）℃、相对湿度 80%～85%下贮藏 15 d，比普通冷藏保鲜效果更好。

三、杀青保鲜

杀青保鲜既适用于规模生产，也适合专业户生产使用。此法为 4—5 月贮藏，6—7 月取出再加工，也可到春节前后进入市场，能取得良好的经济效益。

选择当天挖取、无机械损伤、无病虫害的鲜笋，切去老根部分，用自来水冲洗，然后按大小分别装笼。在大锅内用沸水煮，煮的时间长短与竹笋个体大小有关，煮熟煮透，一般 2～3 h，每煮一锅，换水一次。熟透后，用冷水急速冷却到 30 ℃ 以下，越快越好，剥去笋壳、笋衣，保持笋尖完整，平整切除基部不可食用部分，然后贮藏于干净的大水泥池或大陶瓷坛内。贮藏时每 1 000 kg 熟笋放食盐 45 kg、柠檬酸 3.8 kg、漂白粉 0.3 kg，将食盐与柠檬酸混匀，然后一层笋、一层盐地放入容器中，放满后，用塑料薄膜盖住加重压，在池表面和池边洒上漂白粉。杀青保鲜笋可在水槽中漂洗 24 h 后食用，或作为进一步加工用的原料。

第五章　黄甜竹笋产品加工及菜谱开发

黄甜竹笋新鲜美味，可加工成笋干、罐头笋等便于贮存和再加工，能延长食用时间；也可进行深加工，加工成即食产品，满足人们快速便捷的食用需求，更可以制作成各种美味的菜品丰富人们的餐桌，满足人们不同的口味需求。

一、笋干加工

黄甜竹笋制作笋干，先去壳蒸煮，后烘焙干燥。

（一）去壳蒸煮

当天采收的竹笋要去壳、煮熟，否则会老化，降低竹笋品质。用削笋刀，在笋的一侧从笋梢往下削一刀，不伤笋肉，然后用右手捏住梢部笋壳，削口朝上，未削的一面靠近食指，左手轻扶竹笋下端，沿着右手食指旋转，把笋壳剥去，做到节部不留残壳、梢部留好嫩笋衣。

去壳鲜笋急需杀青，杀青用直径约 1 m 的铁锅水煮，铁锅上置大木桶，桶高 60 cm 左右，桶径与铁锅相等，称为淘锅。竹笋装入淘锅，放置时竹笋梢朝中间根部沿着木桶壁分层堆放。底层加盐，其余各层均加适量的食盐，装满后以盐封顶，用盐量按每 100 kg 笋肉不超过 3 kg 为度。盐太多则笋干太咸，盐不足则笋干淡而不鲜。待笋装好后即可加水，用水量晴天约 30 kg，雨天可减半。加好水即可点火蒸煮。第一锅需煮 3～4 h，煮 1～2 h 后需进行翻锅。翻锅用篾条沿锅底插入，然后把笋堆成一圈，用力拉着篾条使笋堆翻转，将锅底的笋翻到上面，继续再煮。煮第二锅时仅 1～2 h，加盐量也应减少，避免过咸。连续煮两锅后进行清锅，重新换水加盐，以免笋干发黑。煮笋要求煮得断生不烂。

（二）烘焙干燥

笋煮熟后要马上捞起滤干水分，放于焙床上烘焙干燥。数量多时，干燥要用焙房，上层阁楼用于进一步干燥，下层沿墙壁设置数条焙床，焙床为 60 cm×4 m 左右的火坑，四周用砖泥砌成，高 60～70 cm，离炭火约 45 cm，正面有拔火的焙眼，焙眼有三眼、四眼不等。焙床内设置燃烧炭火，其上放置竹垫，用于熟笋的烘焙。数量小的可用焙笼、焙床或简易干燥箱。烘焙温度宜掌握在 40～60 ℃，要经常翻动竹笋，让其均匀烘干，使其色泽黄亮，干燥程度以手捏竹笋松挺、不滑腻为准。此时烘干 50 kg 笋干耗炭量为 60 kg。此后可把烘焙笋干堆放在上层阁楼，继续干燥，待笋期结束后再行加工。如不用炭火，也可用电等加热干燥或太阳晒干。用煤、柴火等加热干燥的，要做好烟囱，把烟向外排放，以免笋干有烟熏味。经烘干分级后即可包装，包装好的笋干均应及时贮藏入库，仓库要保持通风干燥，避免因还潮而霉变。

二、罐头清汁笋加工

此罐头清汁笋的加工、贮藏方法适用于规模生产，每年 4—5 月加工，贮藏保质期达一年以上，可根据需要取出销售或进行再加工，具体的生产流程为：带壳鲜笋→杀青→去壳→整理→装罐→注水→发酵→杀菌→封罐→贮藏。

（1）杀青。带壳黄甜竹笋采用蒸气杀青，由于黄甜竹笋笋质细嫩，粗纤维较少，杀青时间比一般竹笋要短，否则容易造成笋质软绵、不清脆；半密封杀青时间为 20 min。

（2）冷却去壳。杀青后冷却去壳。

（3）整理。剔除虫笋，清洗残留泥沙，切削木质化明显的笋头，并入筐归堆。

（4）装罐。将整理好的净笋按规定重量装入铁罐中，笋净质量 11 kg，总质量 18 kg。

（5）注水。将自来水注入装有净笋的罐中至满罐。

（6）发酵。控制自然发酵的温度和时间，温度控制在 20～25 ℃，发酵时间为 2～3 d，特定 pH 为 3.8～4.2。

（7）杀菌。罐中换上新水，注入的自来水与罐口平齐，而后将罐装笋（不封罐）置于杀菌锅中进行常压蒸气 100 ℃杀菌 100 min。

（8）封罐。杀菌后将沸水注入罐中使其与罐口平齐，即时封罐。

（9）贮藏。自然冷却后进仓库，定期检查是否胀罐。

三、真空袋清汁笋加工

真空袋清汁笋加工具体的生产流程为：开罐净笋→切片（丝）→复煮→冷却→真空包装→杀菌→冷却→检验→冷却包装。

（1）开罐净笋。开罐将笋置于漂洗池中，用自来水漂洗，水与笋的比例为 1∶0.6，使笋完全浸入水中，其间换水 2 次。漂洗时间以 28～35 h 为宜。

（2）根据产品的不同需求按规格进行切段、切片或切丝。

（3）复煮。放入锅中沸煮 5～6 min，减少酸味。

（4）真空包装。冷却后将笋片按规定数量装入真空袋中，进行真空封装。

（5）杀菌。用蒸汽杀菌，温度 100 ℃，杀菌时间 90 min。

（6）冷却包装。冷却后检验，剔除胀袋的产品，将合格产品进行包装。

四、即食笋产品加工

即食笋产品加工具体的生产流程为：开罐净笋→切片（丝）→复煮→冷却→调味→烘干→冷却→真空包装→杀菌→冷却→检验→冷却包装。

（1）开罐净笋。开罐将笋置于漂洗池中，用自来水漂洗，水与笋的比例为 1∶0.6，使笋完全浸入水中，其间换水 2 次。漂洗时间以 28～35 h 为宜。

（2）切片（丝）。切成 2.0 cm×3.5 cm 的笋片或根据产品需求按规格切片（丝）。

（3）复煮。放入锅中沸煮 5～6 min，减少酸味。

（4）调味。冷却后调味，根据不同口味选择相应配方。

（5）烘干。温度 60 ℃，时间 60 min，含水率 70%（休闲即食产品选用此工艺）。

（6）真空包装。冷却后将调味后的笋片（丝）按照规定数量装入真空袋（铝箔蒸煮袋）中，真空封装。

（7）杀菌。用蒸汽杀菌，温度 100 ℃，杀菌时间 90 min。

（8）冷却包装。冷却后检验，剔除胀袋的产品，将合格产品进行包装。

五、菜谱开发

（1）梳子笋鲍鱼。梳子笋鲍鱼的特点为装盘雅致、汤汁浓郁，原料包括黄甜笋、西蓝花、黑木耳、大连活鲍鱼和芋结。做法如下：将黄甜竹笋冷水下锅煮熟后切花刀，把鲍鱼用开水烫开后清理煮熟，黑木耳泡发焯水，西蓝花和芋结焯水，加入高汤、味精、盐、白糖、料酒和香油，最后用淀粉勾芡至汤汁浓郁，再装入竹罐中用保鲜膜封口蒸热即可。

（2）油焖黄甜笋。油焖黄甜笋这道菜的原料简单，只需黄甜竹笋和葱，做好后味道鲜香扑鼻，十分诱人。做法如下：将笋切条油炸至八分熟捞出，再放入肉末、豆瓣酱和油，炒出香味，加入笋条和高汤起锅，最后用葱将笋条扎成捆，稍作装饰即可。

（3）墨鱼黄甜笋。墨鱼黄甜笋甘香四溢，口感酥脆，主要原料是黄甜笋干、干辣椒、墨鱼干和葱白。做法如下：将清水泡发的黄甜笋切丝，猪油下锅炒香，加干辣椒和水发墨鱼干，再加笋丝，依次放入味精和盐，烧至汤汁浓稠即可装盘。

（4）炸虾茸笋夹。炸虾茸笋夹口感细腻，外酥里嫩，原料只需黄甜笋、鲜虾茸、五花肉末和脆皮糊。做法如下：将黄甜笋切成连刀片，再把鲜虾茸和五花肉末调味拌匀夹到笋片中，用淀粉、面粉、色拉油、水和泡打粉制成脆皮糊，将笋夹放入脆皮糊中蘸滚一下，再放入油中翻炸即可。

（5）甜笋龙虾。甜笋龙虾这道菜，荤素搭配合理，而且味道鲜美。原料包括黄甜笋、丝瓜、黑木耳。做法如下：将黄甜笋冷水下锅，煮熟后切成块。龙虾取龙虾尾，洗刷干净后在开水里烫熟，摆放在长盘两头，并用适量荷兰芹、紫甘蓝点缀。将龙虾尾剁成块，和笋块、黑木耳、丝瓜一起烧熟，最后装汤盘即可。

（6）土鸡黄甜笋。土鸡黄甜笋这道菜的原料包括黄甜笋、土鸡、葱白、生姜、红椒片。做法如下：土鸡切成块，黄甜笋切块；锅里放入底油，放入生姜煸炒至微黄，放入土鸡炒干水分，放入料酒、盐，加入黄甜笋块，加水烧至入味即可。

（7）笋丝煎黄鱼。笋丝煎黄鱼这道菜具有外酥里嫩、美味可口的特点。原料主要是黄甜笋、黄鱼、香菇、瘦肉丝、胡萝卜。做法如下：黄甜笋冷水下锅，煮熟后切丝，香菇、胡萝卜、瘦肉切丝待用；黄鱼杀洗干净后切丝，调味上浆，在油锅中炸至金黄。另起一锅，油热后加入以上原料和调料翻炒入味。把炒制好的原料包入豆腐皮内，放平底锅煎至两面金黄。最后，鱼头尾调味炸熟装盘，用小青菜、小番茄稍作点缀。

（8）笋尖石蛙盅。笋尖石蛙盅这道菜肉质肥滑、汤纯味美。原料主要包括黄甜笋尖、养殖石蛙、枸杞、青豆。做法如下：将黄甜笋尖冷水下锅煮熟，将石蛙杀洗干净，冷水下锅，烧开后沥去泡沫，加枸杞、青豆、笋尖，加调料烧入味，起锅装盘。

（9）竹筒佛跳墙。竹筒佛跳墙这道菜营养丰富，汤鲜料美。原料有黄甜笋筒、干鲍、沙鱼皮、水发辽参、火腿、鱼翅。做法如下：将黄甜笋筒冷水下锅煮熟，然后和其他分别烧入味的原料一起放入砂锅中，加高汤、调料继续炖煮，烧入味后起锅装盘。

（10）墨鱼蛋笋条。墨鱼蛋笋条这道菜的原料主要包括黄甜笋、墨鱼蛋、黄瓜、胡萝卜、红椒丝。做法如下：黄甜笋切条放入碗中，加入墨鱼蛋、调料，拌匀后上笼蒸熟，起锅后加黄瓜、橙片、煮熟的胡萝卜、红椒丝，拼摆成扇形即可。

（11）太极黄甜笋。太极黄甜笋这道菜的特点是做法独特、口感新颖。原料主要有黄甜笋、虾干、火腿、香菇、干贝、菠菜汁。做法如下：黄甜笋尖放搅拌机中，加水打成笋糊；热锅下油，放入辅料炒香，下笋糊、加调料，勾芡起锅；把菠菜汁烧入味，用模具倒成太极形状即可。

（12）金汤鲜笋衣。金汤鲜笋衣这道菜的特点是汤美料鲜、入口即化。原料主要有鲜黄甜笋衣、虾干、火腿、香菇、干贝。做法如下：将鲜黄甜笋衣过油；热锅下油，放入辅料炒香，下笋衣，加高汤、调料烧入味，放香菜段、枸杞，稍作点缀即可。

（13）鲍鱼焖黄甜笋。鲍鱼焖黄甜笋这道菜的特点是口味浓郁、营养丰富。原料主要是黄甜笋、鲍鱼、青豆、生姜、黄瓜。做法如下：鲍鱼切十字花刀，黄甜笋切丁；锅里放油，生姜煸下，然后放入黄甜笋丁和青豆煸炒，放入鲍鱼，加料酒、清汤、酱油，煨入味；把黄甜笋丁和青豆放在鲍鱼上面，用黄瓜点缀，装盘即可。

（14）老鸭黄甜笋。老鸭黄甜笋这道菜的特点是味道鲜美、香气诱人。原料主要是黄甜笋、老鸭、金华火腿、青菜。做法如下：本地老鸭焯水，黄甜笋切成条；本地老鸭放入煲中，加入金华火腿块，黄甜笋条加入高汤煨焖烂放入青菜煮熟即可。

（15）盐焗手剥黄甜笋。盐焗手剥黄甜笋这道菜的特点是制作别致、创新性强。原料主要是黄甜笋、锡纸。做法如下：黄甜笋尖用高汤加调料煨至入味，底部用锡纸包起来；花椒盐炒香，将包好锡纸的黄甜笋分别插在花椒盐中即可。

（16）雪菜黄甜笋。雪菜黄甜笋这道菜的特点是搭配合理、口味咸鲜。原料主要是黄甜笋、雪菜、葱段、红椒片。做法如下：黄甜笋切片，雪菜切成末；锅里放入猪油，笋片煸熟，放入雪菜末一起煸炒，加入少许料酒、少许盐、味精、红椒片炒入味，出锅放入葱段即可。

（17）腊肉黄甜笋。腊肉黄甜笋这道菜的特点是笋块香鲜、可口入味。原料主要是黄甜笋、腊肉、大蒜叶。做法如下：腊肉切片，黄甜笋切成块；锅里放油，放入咸肉煸炒至微黄，放入黄甜笋，加入调料和水烧入味。

（18）田鱼黄甜笋。田鱼黄甜笋这道菜双鲜味美、色彩鲜艳。原料主要是黄甜笋、田鱼。做法如下：田鱼两边一字花刀，黄甜笋切丝备用；锅里放入猪油，放入生姜片煸至微黄，放入田鱼两边煎至金黄色，放入黄甜笋丝，加入开水，盖上盖子，大火烧 3 min，使汤成奶白色，放入盐少许、味精少许，加少许酒，烧熟出锅即可。

（19）剁椒黄甜笋。剁椒黄甜笋这道菜的特点是口味清鲜、色彩鲜艳。原料主要是黄甜笋、红椒、葱。做法如下：本地红椒切块，加入白酒少许，盐少许，生姜片，黄甜笋切成条待用；黄甜笋放在盘子里摆好，上面放上自制辅料调料蒸熟即可。

（20）干菜黄甜笋。干菜黄甜笋这道菜的特点是双味交融、引起食欲。原料主要是黄甜笋、梅干菜。做法如下：黄甜笋切条备用，梅干菜洗干净用猪油炒香备用；黄甜笋用油炸至微黄，锅里留底油，放少许酱油、酒、白糖、水，放入切好的黄甜笋，翻炒，汤汁收干，放入炒好的梅干菜，出锅装盘即可。

（21）溪鱼滚笋衣。溪鱼滚笋衣这道菜的特点是笋鱼味鲜、汤汁浓稠。原料主要是黄甜笋、盐卤豆腐、溪鱼。做法如下：黄甜笋衣切条、豆腐切片备用；溪鱼煎烧，黄甜笋和豆腐入锅加高汤、调料烧入味，起锅装盘。

（22）黄甜笋扣大鲍鱼。黄甜笋扣大鲍鱼这道菜的特点是装盘别致、味道浓郁。原料主要是黄甜笋、大鲍鱼。做法如下：用数十种原料熬成鲍汁；黄甜笋冷水下锅煮熟，用鲍汁煨透装入盘底；鲍鱼放在鲍汁中卤好切片摆在笋块上；上淋鲍汁即可。

（23）黄甜笋枫叶蟹。黄甜笋枫叶蟹这道菜的特点是荤素搭配、营养丰富。原料主要是黄甜笋、枫叶蟹。做法如下：黄甜笋块加调料煨透装入盘底；枫叶蟹蒸熟后切开摆在笋块上。

（24）黄甜笋海味盅。黄甜笋海味盅这道菜的特点是富含营养、汤鲜料美。原料主要是黄甜笋块、干鲍、沙鱼皮、水发辽参、火腿、鱼翅。做法如下：黄甜笋筒冷水下锅煮熟和以上分别烧入味的原料一起加高汤、调料烧入味，起锅装盘。

（25）黄甜笋蒸东星斑。黄甜笋蒸东星斑这道菜搭配合理、营养丰富。原料主要是黄甜笋、东星斑、火腿、冬菇、青菜。做法如下：东星斑杀洗干净切块夹上辅料、调料，蒸熟即可。

（26）黄甜笋杨梅球。黄甜笋杨梅球这道菜的特点是外酥里嫩、造形美观。原料主要是黄甜笋、虾肉、无刺鱼肉、脆粒。做法如下：原料剁泥末加调料拌匀粘上脆粒，油炸至熟即可。

（27）黄甜笋炒牛粒。黄甜笋炒牛粒这道菜味道鲜美、营养均衡。原料主要是黄甜笋、雪花牛柳。做法如下：牛柳加调料、湿淀粉、蛋清、色拉油上浆，放冰箱中冰镇待用；黄甜笋切块拉油至熟后倒入牛柳拉熟捞出；放红椒片、葱段爆香下原料和料汁翻匀，起锅装盘。

（28）黄甜笋炒金丝。黄甜笋炒金丝这道菜的特点是干香四溢、质感软爽。原料主要是黄甜笋干、韭菜、红椒。做法如下：清水泡发黄甜笋洗净切丝；锅内下猪油下笋干丝，加调料烹入高汤，加入韭菜炒熟，装盘即可。

（29）黄甜笋什锦时蔬。黄甜笋什锦时蔬这道菜的特点是搭配合理、口味清鲜。原料主要是黄甜笋、包心菜、秋葵。做法如下：将原料焯水至熟后摆盘，上面放蒜茸、红椒丝，淋热油即可。

（30）黄甜笋狮子头。黄甜笋狮子头这道菜的特点是口味浓郁、富有特色。原料主要是黄甜笋、八瘦二肥猪肉、秀珍菇、葱段。做法如下：黄甜笋切末和肉泥加调料拌匀，加秀珍菇加高汤煨透上席。

（31）黄甜笋烤羊排。黄甜笋烤羊排这道菜的特点是香酥味美、搭配独特。原料主要是黄甜笋、羊排。做法如下：黄甜笋拍干淀粉后油炸至熟，撒上孜然粉后垫在盘子上；羊排卤熟烤酥后切条装盘，撒上孜然粉即可。

（32）黄甜笋虾仁夏威夷果。黄甜笋虾仁夏威夷果这道菜的特点是搭配合理、营养均衡。原料主要是黄甜笋、虾仁、夏威夷果。做法如下：将油、盐放入锅内，并将黄甜笋、虾仁、夏威夷果炒熟入味即可。

（33）黄甜笋木瓜盅。黄甜笋木瓜盅特点是口味甘甜、滋阴壮阳。原料主要是黄甜笋、木瓜、哈士蟆、红枣。做法如下：黄甜笋切粒冷水下锅煮熟加水发哈士蟆、木瓜肉，加冰糖煮透，装入挖空的木瓜，再上笼蒸热即可。

（34）素片黄甜笋。素片黄甜笋这道菜制作简单，可以一菜两吃，创意十足。原料包括黄甜笋、青豆、生菜、柠檬片。做法有两种：一是将黄甜笋切片，油炸后加味精、盐、料酒、白糖、香油、酱油后装盘，加其他原料进行点缀；二是将油炸笋条加调料油焖，加其他原料进行点缀即可。

（35）葱油黄甜笋。葱油黄甜笋这道菜的特点是色彩丰富、葱香四溢。原料主要包括黄甜笋、葱油、葱汁、小番茄、生菜、火龙果。做法如下：将葱油、葱汁加盐、味精、料酒制成调味汁，再将煮熟的黄甜笋条加入其中搅拌均匀，最后用生菜、小番茄、火龙果等点缀装盘。

（36）香烤黄甜笋。香烤黄甜笋这道菜的特点是软糯可口、口味浓郁。原料包括黄甜笋、榆耳菌、杏鲍菇、花生、葱丝、红椒丝。做法如下：将黄甜笋和其他辅料切片油炸；锅中放油，下主、辅料，放调料焖至入味装盘；最后撒上花生、葱丝、红椒丝，稍作点缀即可。

（37）扣黄甜笋丝。扣黄甜笋丝这道菜的特点是造型美观、搭配合理。原料主要有黄甜笋、莴笋、胡萝卜、肉松、黄金豆。做法如下：先将黄甜笋切丝，冷水下锅煮熟；将莴笋和胡萝卜切丝，焯水煮熟；把盐、味精、香醋、料酒、白糖、香油、蒜茸拌匀；把原料装入模具，压实后按出，上面放上肉松；装盘后撒上炸好的黄金豆、青柠檬作点缀。

（38）石榴黄甜笋。石榴黄甜笋这道菜的特点是色彩金黄、形象逼真。原料有黄甜笋、杭州千张、瘦猪肉、胡萝卜、香菇丝。做法如下：高汤中煮杭州千张，煮好后包入加调料炒入味的肉丝、胡萝卜丝、香菇丝、黄甜笋丝，装盘后稍加点缀即可。

（39）素烧黄甜笋。素烧黄甜笋这道菜的特点是口味清鲜、营养丰富。原料有黄甜笋、豆腐皮、肉丝、南瓜丝、瘦猪肉、胡萝卜、香菇丝。做法如下：豆腐皮中包入加调料炒入味的肉丝、胡萝卜丝、香菇丝、黄甜笋丝、南瓜丝，用油煎至两面金黄后切段，装盘后用胡萝片、水萝卜片、小番茄、火龙果、青豆、香草点缀即可。

（40）笋丝水晶包。笋丝水晶包这道菜的特点是营养丰富、造形别致。原料有黄甜笋、水晶皮、瘦猪肉、胡萝卜、香菇丝。做法如下：水晶皮包入加调料炒入味的肉丝、胡萝卜丝、香菇丝、笋丝，用韭菜扎紧颈口；樱桃装盘后稍加点缀即可。

（41）泡椒黄甜笋。泡椒黄甜笋这道菜的特点是软糯可口、口味浓郁。原料有黄甜笋、泡椒汁。做法如下：将黄甜笋切块，冷水下锅煮熟透；捞出倒入泡椒汁中浸泡 12 h 入味装盘。

（42）香椿汁拌黄甜笋。香椿汁拌黄甜笋这道菜的特点是搭配合理、椿汁浓郁。原料有黄甜笋、大虾皮。做法如下：将香椿用榨汁机榨出汁加盐、味精、料酒调成调味汁；黄甜笋切条冷水下锅煮透加入调料汁拌匀；装盘后同大虾皮一起装盘稍作点缀。

（43）鲜黄甜笋丝。鲜黄甜笋丝这道菜的特点是原汁原味、别具一格。原料主要是黄甜笋、生菜。做法如下：将黄甜笋切丝放生菜上，调好酱油、面酱、蕃茄沙司、芥末等调料，根据个人口味的喜好调和相应味型酱汁蘸食。

（44）笋尖刺身拼。笋尖刺身拼这道菜富有特色、造型别致。原料主要是黄甜笋嫩尖、象拔蚌、三文鱼、鹅肥肝、素鲍鱼、北极贝。做法如下：将黄甜笋嫩尖切好放冰水中浸泡 10 min 后和以上原料一起装入垫有食用冰的盘子中，调好酱油、芥末等调料，稍加点缀。

（45）黄甜笋乌饭。黄甜笋乌饭这道主食的主要原料包括黄甜笋丁、胡萝卜、火腿、香菇、遂昌乌饭、肉松和虾干。做法如下：将笋丁冷水下锅煮熟，热锅下油，加其他辅料，加高汤、味精、盐、料酒翻炒入味，炒熟后盛入竹筒中，最后用肉松点缀。

（46）甜笋丁包。甜笋丁包这道主食的特点是皮薄馅多。原料包括黄甜笋、夹心肉、葱白和面粉。做法如下：将笋丁冷水下锅煮熟，煮熟后的夹心肉切丁，将笋丁、肉丁和葱白丁混合，加入味精、盐、色拉油和料酒，搅拌均匀成馅，再用面粉和面，加入馅料制成包子，下锅煎至两面金黄即可起锅。

（47）黄甜笋手工面。黄甜笋手工面这道主食的特点是营养丰富、独具特色。原料包括自制双色手工面、蛋皮、咸肉丝、香菇丝、笋丝。做法如下：锅里放油，放入咸肉丝煸炒，放入笋丝、香菇丝，放少许水、酒、盐、味精烧入味备用；锅里放入土鸡蛋，煎至金黄色，加入开水，放入手工面烧熟，加入烧好的香菇丝、笋丝，调好味，出锅即可。

（48）黄甜笋瘦肉水饺。黄甜笋瘦肉水饺这道主食的特点是面软馅丰、味道可口。原料包括黄甜笋、面粉、夹心肉、葱白丁。做法如下：黄甜笋切丁冷水锅煮熟；夹心肉煮熟切丁、葱白切丁和笋丁加调味料炒匀作馅料；面粉加水和成水面团包入馅料成水饺形；起锅加水烧开放入水饺，煮熟捞起装盘即可。

（49）黄甜笋竹筒饭。黄甜笋竹筒饭这道主食的特点是富有特色、饭糯笋脆。原料包括黄甜笋、香米饭、虾干、火腿、香菇、腊肉。做法如下：黄甜笋切丁；锅下香米加主辅料、调料放电饭煲中烧熟；起锅装入竹筒中蒸透。

（50）笋丁梅菜饼。笋丁梅菜饼这道主食的面软馅丰、味道可口。原料包括黄甜笋、面粉、夹心肉、葱白丁。做法如下：黄甜笋切丁冷水锅煮熟；夹心肉煮熟切丁、葱白切丁和笋丁加调味料炒匀作馅料；面粉加水和成水面团包入馅料压成饼状；双面煎至金黄起锅切块装盘即可。

（51）笋尖水果拼盘。笋尖水果拼盘的特点是独特搭配、营养均衡。原料包括黄甜笋、西瓜、菠萝、哈蜜瓜、提子。做法如下：黄甜笋尖洗净切快，用色拉酱拌匀；摆上水果拼盘即可。

（52）黄甜笋饮品。黄甜笋饮品的特点是纤维丰富、口味清甜。原料主要是黄甜笋、山泉开水、奶粉、蜂蜜、冰糖。做法如下：黄甜笋洗净上笼蒸熟切块，将其与辅料一起放入破壁榨汁机，搅成稀浆笋汁即可。

第六章　黄甜竹相关研究成果

一、黄甜竹丰产林地下竹鞭结构生长规律研究

摘要：本文对黄甜竹丰产林 16 块标准地的地下竹鞭、地上竹高、胸径等因子进行了系统调查，了解黄甜竹地下竹鞭的结构、生长规律及在土层中的分布情况，并分析黄甜竹生物量与竹高、胸径等林分各因子的相互关系，采用线性回归和幂函数方程对其生物量进行数学模型拟合，讨论并论述了改善林下竹鞭结构的生长发育规律和提高黄甜竹生物量的指导方法，从而为黄甜竹丰产栽培技术研究提供科学的理论依据。

黄甜竹（*Acidosasa edulis* Wen）属禾本科竹亚科酸竹属植物，是新近发现的一个竹种。黄甜竹原产福建，主要分布于福建省福州、闽侯、闽清、古田、连江、永泰、莆田等市（县）。竹笋可供食用与药用，竹秆可造纸、制作生活用品与工艺品等，经济价值甚高，很有开发前景。但目前有关黄甜竹地下竹鞭结构生长方面的研究尚处起始阶段，还未见报导。为此，笔者在浙江省丽水市林业科学研究院百果园试验基地 1987 年引种的黄甜竹林分中设立标准地，并对其进行全面、详细的调查，收集相关因子的大量数据，通过整理分析，初步论述黄甜竹地下竹鞭的生长规律与丰产栽培技术模型，以便进一步开展丰产培育技术研究。

（一）试验地概况

试验标准地设置在浙江省丽水市林业科学研究院百果园科研基地，1987年从福建省闽清县美菰林场引种的黄甜竹林分，北纬28°28′13″东经119°53′16″。属浙西南低山丘陵地带，平均海拔为150 m，平均坡度为25°，土壤为红壤，土壤平均深度为45 cm，pH 5.1，年平均降水量1 471 mm，常年相对湿度达76%，年平均气温为18.1 ℃，年平均日照时数为1 783.2 h，无霜期为255 d，极端最高气温43.2 ℃，极端最低气温−7.7 ℃。总之，该地区雨量充沛，相对湿度大，常年气候温暖适中，无霜期长。该试验地竹林面积20 hm^2，1990年建园，立竹分布比较均匀，林分长势良好，竹林结构为1～3年生竹子各占30%，4年生竹子占10%，平均胸径3.75 cm，平均立竹密度13 325株/hm^2。

（二）调查与研究方法

1. 标准地设置　标准地建立在浙江丽水市林业科学研究院百果园试验基地，每个标准地的面积为10 m×10 m，野外设立调查样地共16块，标准地的4个角均打木桩，并且每条边均开一小沟作为标记。

2. 标准地调查　按规定建立标准地后，对每个标准地中每一株进行胸径、竹高、枝下高、冠幅等各器官生物量因子的调查，根据调查所得的材料计算每块标准地竹子平均胸径、平均竹高，按平均竹加5%为标准选择一株标准竹，沿地径处伐倒，记下胸径、竹高、枝下高、冠幅、节数、枝盘数、地径处竹壁厚、根深、根幅，并对竹秆按1 m为一区分段称其竹秆重与枝叶重，然后取各节秆、枝叶、竹鞭、竹蔸、竹根各100 kg左右带回实验室。接着在每个标准地内选择地势平坦、立竹量适宜的地方，取1 m×1 m的小样方，深度至无鞭根分布为止，以20 cm为一个土层，记录其鞭龄、鞭长、鞭重、鞭径、节数及鞭的生长方向、分岔类型，然后各分层取10 cm长的竹鞭带回实验室。并在标准地的竹林中或林缘找4条鞭跟踪挖掘，按幼龄鞭、壮龄鞭、老龄鞭先数总节数，分别按1～5节、6～10节、11～15节……81～85节记录壮芽、弱芽、死芽、笋芽等的着生位置与个数。

3. 研究方法 根据外业调查所得的大量材料和数据进行相关的计算，并对带回的样品进行称重、烘干、浸水、处理、记录并分析，然后综合调查时直接将所得的数据代入线性、非线性回归和幂函数 $y=aD^bH^c$ 的方程，建立因变量与自变量的拟合方程，并且逐步回归建立数学模型。

（三）结果与分析

1. 黄甜竹地下竹鞭的发育规律 黄甜竹的高产、稳产与地上地下结构的关系十分密切，主要取决于地下部分竹鞭的状况及地上部分的光合作用能力。竹笋产量的形成是靠竹鞭的更新生长和侧芽的分化来实现的，它生长发育所需的养分全靠地下茎的积累和吸收来供给。因此，地下竹鞭的长度、年龄组成和壮芽的数量对竹笋产量影响特别大，同时也影响着林分地下结构的生长，进一步研究竹林地下竹鞭的结构是林分更新生长和提高竹子生物量的有效途径，对于食用笋竹林的高产稳产具有重大的意义。作为竹鞭数量指标的鞭长、鞭径、鞭龄能充分地反映出竹鞭的营养健康状况和发笋长竹能力。现将调查的材料按竹鞭与土层深度的分布归类整理，从表6-1可见，黄甜竹的竹鞭基本分布在土层10～40 cm中，根系生长较深，其中0～20 cm的壮龄鞭在鞭长中所占的比例最大，为54.03%，在鞭重中所占的比例也最大，为52.68%；幼龄鞭在鞭长中比例居中，为23.69%，而在鞭重中最小（含水量高），为16.35%；老龄鞭在鞭长中所占比例最小，是22.28%，而在鞭重中所占比例居中，是30.97%。在20～40 cm的壮龄鞭中鞭长和鞭重所占的比例均居中，分别为40.10%和45.49%；幼龄鞭在鞭长和鞭重中所占比例最小，分别为12.98%和8.74%；老龄鞭在鞭长和鞭重中所占的比例最大，分别占46.92%和45.77%。据此可知，壮龄鞭的鞭长、鞭重都大于幼龄鞭和老龄鞭，而鞭径和鞭节间长也都大于老龄鞭。根据调查资料分析黄甜竹林地的土壤较疏松，养分较丰富，通气性较好，竹鞭吸收养分的能力较强，施肥和管理方法科学，竹鞭生长层次分明，从而达到高产稳产的目的。

表 6-1　各鞭龄分布深度的特征

项目	鞭分布深度（cm）	鞭长（m/hm²）	占比（%）	鞭重（kg/hm²）	占比（%）	平均鞭径（cm）	平均鞭节长（cm）
幼龄鞭	0～20	10 762.5	23.6 9	828	16.35	1.14	2.42
壮龄鞭	0～20	24 550.0	54.03	2 668.5	52.68	1.16	3.36
老龄鞭	0～20	10 125	22.28	1 568.6	30.97	1.11	2.37
总计		45 437.5	100	5 065.1	100	1.13	
幼龄鞭	20～40	4.35	12.98	269.1	8.74	1.25	3.40
壮龄鞭	20～40	13 437.5	40.10	1 401.1	45.49	1.39	2.46
老龄鞭	20～40	15 725	46.92	1 410.1	45.77	1.58	3.03
总计		33 512.5	100	3 080.3	100	1.41	

2. 竹鞭繁延特点

（1）竹鞭延伸方向。竹鞭在生长过程中具有一定的生长方向性，并经常变化着。这种变化与土壤条件及经营措施密切相关。把竹鞭的生长方向分成 3 个方向，即“水平方向”“向上方向”和“向下方向”。从调查结果可知，幼龄鞭向水平方向延伸的占 31.72%，向下延伸的占 53.51%，向上延伸的占 15.22%；壮龄鞭向水平方向延伸的占 48.88%，向下延伸的占 38.67%，向上延伸的占 12.45%。以上数据表明，竹鞭向上延伸较为困难，但这与母竹种植的去鞭方向和林地的坡度大小有着密切的关系，这可为黄甜竹林地下施肥管理提供理论依据，以便达到最佳的经营效果，从而诱导竹鞭往横向和纵向生长，促进林分分布更加均匀。

（2）竹鞭的分杈类型。竹鞭鞭梢顶端优势抑制着侧芽的萌发，使之处于休眠状态，有一些竹鞭的鞭梢由于抵触到坚硬的物体，或伸入低洼积水地，或受其他机械损伤而导致折断，一旦折断后，鞭梢的顶端优势也将随之解除，靠近鞭端断点的侧芽很快就萌发长出杈鞭。竹鞭分杈一般分为一侧单杈、一侧多杈、两侧单杈和两侧多杈四种类型。从本次调查可知，幼龄鞭几乎无分杈，老龄鞭和壮龄鞭分杈最多，多为一侧单杈，个别的为一侧双杈。

（3）不同鞭龄竹鞭节间长情况。从本次调查看出，竹鞭平均节间长分别是：幼龄鞭 4.02 cm，壮龄鞭 3.99 cm，老龄鞭 3.25 cm。幼龄鞭节间长大于壮龄鞭，老龄鞭节间长最短，但差异不明显。在竹鞭生长季节里与天气密切相关，若降水量大，林地的土壤疏松，竹鞭鞭梢的顶端优势生长快，节间就变长，反之，则节间变短。另外，竹鞭的生长与林地的土壤肥力也密切相关。

3. 鞭龄与鞭芽的关系

（1）芽的种类与数量。竹鞭上具有许多鞭节，鞭节上的芽随着时间变化而改变鞭形态，有的发育良好、个体饱满，为壮芽；有的生长细小孱弱，为弱芽；有的芽可萌发成竹笋或鞭笋而被收获，为笋芽；有的芽长期休眠后腐烂脱落而成为死芽。处于不同鞭龄，鞭节上的这些芽的数量变化不相同。

在表 6－2 中，从整个鞭龄系统看，壮龄鞭上壮芽和弱芽的数量所占的比例最大，其壮芽数占总的壮芽数的 52.36%，弱芽数占总弱芽数的 52.6%。幼龄鞭因其生长发育旺盛，还处于生长阶段，贮藏干物质积累较少，都只其弱芽数所占的比例最大，大约占总弱芽数的 34.66%，但其壮芽数也占了很大的比例，占总芽数的 22.54%。而弱芽有的随鞭龄的增长和幼龄鞭发育为壮龄鞭的同时继续发育为壮芽，发笋成竹，有的则长期处于休眠状态，体内水分、养分含量大幅下降，鞭根逐渐死亡稀疏，吸收作用大幅下降而逐渐失去了萌发能力，最终死亡脱落。因此，壮龄鞭是黄甜竹出笋、长竹、长鞭的主要竹鞭。

（2）鞭根质量的分布情况。经过调查，黄甜竹的鞭根分布与竹鞭分布相类似，主要分布在 0～40 cm 深的土层范围内，并且随着土层深度的增加而逐渐减少，鞭根质量为 3 295.52 kg/hm^2，这说明鞭根对竹鞭的生长发育也起着很大的作用，并且两者之间存在着一定的相关性。

表 6-2 鞭龄与各种鞭芽的比较

项目	幼龄鞭		壮龄鞭		老龄鞭		合计（万个/hm²）
	数量（万个/hm²）	百分比（%）	数量（万个/hm²）	百分比（%）	数量（万个/hm²）	百分比（%）	
壮芽	13.25	22.54	30.78	52.36	14.75	25.09	58.78
弱芽	36.73	34.66	55.73	52.60	13.6	12.74	105.96
笋芽	8	50	6.2	38.75	1.8	11.25	16
死芽	5	7.48	14.25	21.31	47.63	71.22	66.88

4. 鞭笋在竹笋的分布及数量变化 鞭笋在不同龄鞭上的分布是不同的，并且它们的分化能力也有所差异，据调查，壮芽、笋芽主要分布在鞭身的6～60节内，壮芽约占总芽数的80.31%，笋芽约占总笋芽数的94.12%，而远离鞭柄的芽数量大大减少。壮芽在11～50节的分化能力最强，笋芽在6～45节的分化能力最强。造成这种现象的原因主要是远离鞭柄的侧芽，有的因营养跟不上而生长细弱，有的因断梢后萌发成鞭芽，或者休眠过长而枯死脱落，故所占比例较小。而靠近鞭柄的芽，则因营养供给、生长发育等方面较优越，故发育良好，容易萌芽、发笋长竹。

（四）结论

黄甜竹群体结构包括地上结构和地下结构，两者相互依存，相互影响，缺一不可，构成了一个有机的统一体。良好的竹林结构必须要有良好的地下结构与之相适应。现总结黄甜竹的地下结构，归纳如下。

在浙江省丽水市林业科学研究院百果园试验基地设置了黄甜竹标准地，对黄甜竹的地上地下部分生物量结构特征进行调查研究，并且充分地分析了地下结构的发展规律和地上各器官生物量的关系。其结果表明：黄甜竹的地下茎为复轴型，竹鞭与鞭根的分布大体一致，绝大部分的竹鞭都分布在10～40 cm的土层中，这可为科学经营黄甜竹提供一定的理论依据。因此，土壤水肥管理重点放在土层 0～40 cm 以内最佳，并且应 2 d 进行一次适当深翻，以促进竹鞭的伸展。

黄甜竹的竹鞭、鞭根主要分布在 10～40 cm 的土层范围内，在此范围内，鞭长占整个系统的 95.76%，鞭重占 96.23%。在竹鞭系统中，其中 0～20 cm 的壮龄鞭在鞭长中所占的比例最大，为 54.03%，在鞭重中所占的比例也最大，为 52.68%；幼龄鞭在鞭长中比例居中，为 23.69%，而在鞭重中为最小（含水量高），为 16.35%；老龄鞭在鞭长中所占比例为最小，是 22.28%，而在鞭重中所占比例居中，是 30.97%。在 20～40 cm 的壮龄鞭中鞭长和鞭重所占的比例均居中，分别为 40.10% 和 45.49%；幼龄鞭在鞭长和鞭重中所占比例最小，分别为 12.98%和 8.74%；老龄鞭在鞭长和鞭重中所占的比例最大，分别占了 46.92% 和 45.77%。黄甜竹的竹鞭分杈不多，且多为单侧单杈，幼龄鞭基本不分杈。鞭根分布与竹鞭大体一致，均分布在 10～40 cm 这一土层中。黄甜竹的竹鞭生长方向各异，以平行方向最多，向下的次之，向上的最少。壮龄鞭上的壮芽、笋芽的数量所占比例最大，幼龄鞭上弱芽所占比例最大，老龄鞭的节间最长，幼龄鞭的鞭径最大。

黄甜竹在整个鞭系统中，老龄鞭在鞭长中所占的比例最大，同时节间长最长，幼龄鞭在鞭重中所占的比例最大，同时鞭径也最大，壮龄鞭鞭长、鞭重、鞭径、节间长等均居中。这可为合理的管理地下竹鞭提供指引方向。黄甜竹竹鞭的伸展方向差异较大，以平行方向为最多，其次是向下方向，向上方向的最少，竹鞭的分杈不多，幼龄鞭基本不分杈。据此，为了让竹子长势更好，应适当进行深翻、合理施肥以诱导竹鞭向良性方向发展。黄甜竹老龄鞭上死芽最多，幼龄鞭上弱芽最多，而大部分壮芽和笋芽发生在壮龄鞭上，且活力最为旺盛，这可为科学经营黄甜竹提供了新思路。因此，在进行竹林地下结构调整时应注意去老扶幼，尽量保留幼、壮龄鞭，去除生长不良的老鞭、死鞭、烂鞭，从而为黄甜竹丰产林的高产稳产创造良好的地下鞭结构。

二、海拔高度及挖笋措施对黄甜竹出笋的影响

黄甜竹（*Acidosasa edulis* Wen）为竹亚科酸竹属植物，俗称甜笋竹、甜竹，是我国特有的优质笋用竹种。黄甜竹出笋率高，肉厚色白，笋质细嫩，味甜质脆，鲜美无涩味。丽水市莲都区的黄甜竹出笋时间在4月上旬至5月中上旬，与其他竹笋出笋时间一致，因此黄甜竹笋的鲜售价格受到一定影响。

研究表明，坡位和坡向对黄甜竹的新竹生长和竹笋产量都有极显著影响；不同抚育措施对黄甜竹出笋量和新竹平均眉围均有极显著影响，但对新竹成竹率没有显著影响。那么，不同海拔梯度及不同挖笋措施是否会对黄甜竹出笋量及出笋时间产生影响呢？为此，笔者选择在不同海拔竹林开展不挖笋、挖50%的笋、全部挖取3种挖笋措施对黄甜竹出笋影响的研究，目的是延迟黄甜竹的出笋时间，增加竹笋产量，提高经济效益，为黄甜竹开发利用提供参考。

（一）材料与方法

1. 试验地概况 试验在丽水市莲都区海拔140 m百果园基地和海拔850 m的郑地村进行，竹林中1～3年生竹子各占30%，4年生以上的竹子占10%。试验地气候温暖湿润，日照充足，雨量充沛，年平均气温18.1 ℃，最热月（7月）平均温度29.4 ℃，最冷月（1月）平均温度6.1 ℃，极端高温43.2 ℃，极端低温−7.5 ℃，无霜期256 d，平均年日照时数1 828 h，年降水量1 427 mm。

2. 试验方法 试验地海拔140 m朝南方向设A1、A2、A3三个处理，A1为对照；海拔850 m设B1、B2、B3三个处理，B1为对照。每个处理样地面积8 m×8 m，重复3次。A1和B1处理：出笋时，不挖除笋，每个处理穴施10 kg速效复合肥；A2和B2处理：竹笋长至25 cm时，挖除50%的笋，第一次开始挖笋时每个处理穴施10 kg速效复合肥。A3和B3处理：出笋时，及时挖除全部笋，第一次开始挖笋时每个处理穴施10 kg速效复合肥。

出笋期间以 4 d 为一个观察单元，以笋尖露出地面 5 cm 为准调查出笋数。观察单元以发笋数占笋期发笋总数的 $P=6\%$ 为界限，将笋期划分为初期、盛期、末期 3 个阶段。挖笋不定时间，以笋长到 25 cm 高时为准。从初期、盛期、末期每个阶段随机选择 25 cm 长的笋 30 株测量地径。

竹笋产量：A3 和 B3 处理按实际挖出量计算，A2 和 B2 处理按实际挖出量加倍折算，A1 和 B1 处理用初期、盛期、末期按每个阶段测量笋的平均地径与其他处理相同阶段挖取同一地径的笋的质量来折算。

3. 分析方法 应用 Microsoft Excel 2003 软件分别对竹林出笋期、出笋数量、平均地径、产量与对照比较进行统计，试验数据分析用 SPSS 19.0 统计软件，进行方差分析和 LSD 法多重比较。

（二）结果与分析

1. 不同海拔竹林黄甜竹出笋时间的比较 由表 6-3 可知，B1 处理黄甜竹出笋的初期比 A1 处理延迟 29 d，盛期延迟 29 d，末期延迟 34 d，即海拔 850 m 的黄甜竹林出笋时间比海拔 140 m 的竹林延迟 1 个月，出笋结束也推迟 1 个月；同时，海拔 850 m 的黄甜竹林出笋盛期的时间比海拔 140 m 的竹林多 5 d，初期和末期天数相同，故海拔 850 m 黄甜竹林的总计笋期也比海拔 140 m 的竹林多 5 d。这说明海拔高度对黄甜竹出笋时间有明显的影响，其主要原因是同一时间段内海拔 850 m 的竹林气温比海拔 140 m 的竹林低，故其温度需延迟 1 个月才能达到黄甜竹出笋的要求。

表 6-3 不同海拔竹林黄甜竹出笋情况统计

处理	初期		盛期		末期		总计笋期（d）
	日期（月．日）	天数（d）	日期（月．日）	天数（d）	日期（月．日）	天数（d）	
A1	04.01—04.09	9	04.10—05.03	24	05.04—05.15	12	45
B1	04.30—05.08	9	05.09—06.06	29	06.07—06.18	12	50

2. 不同挖笋措施对黄甜竹出笋时间的影响 如表 6－4 所示，A1 处理自 4 月 1 日开始出笋，5 月 15 日结束出笋，总计笋期 45 d；A2 处理自 3 月 31 日开始出笋，5 月 26 日结束出笋，总计笋期 57 d；A3 处理自 4 月 1 日开始出笋，6 月 1 日结束出笋，总计笋期 62 d；A1～A3 处理出笋结束时间逐渐延迟，总笋期也逐渐延长，表现为 A3>A2>A1。对照自 4 月 30 日开始出笋，6 月 18 日结束出笋，总计笋期 50 d；B2 处理自 4 月 28 日开始出笋，6 月 24 日结束出笋，总计笋期 58 d；B3 处理自 4 月 28 日开始出笋，7 月 6 日结束出笋，总计笋期 70 d；B1～B3 处理出笋结束时间也逐渐延迟，总笋期也逐渐延长，表现为 B3>B2>B1。挖掘竹笋并及时施肥，可延长出笋时间，一方面是因为及时挖掘竹笋，消除了顶端优势，另一方面是因为增施速效复合肥，使竹笋的养分供给充足，促进其余笋芽分化成长，出土成笋，从而使笋期变长。

表 6－4 不同挖笋措施下黄甜竹出笋时间的比较

处理	初期		盛期		末期		总计笋期（d）
	日期（月．日）	天数（d）	日期（月．日）	天数（d）	日期（月．日）	天数（d）	
A1（CK）	04.01—04.10	10	04.11—05.03	23	05.04—05.16	13	46
A2	03.31—04.12	13	04.13—05.10	29	05.11—05.26	16	57
A3	04.01—04.10	10	04.11—05.12	32	05.13—06.01	20	62
B1（CK）	04.30—05.08	9	05.09—06.06	29	06.07—06.18	12	50
B2	04.28—05.09	12	05.10—06.11	33	06.12—06.24	13	58
B3	04.28—05.09	12	05.10—06.15	37	06.16—07.06	21	70

3. 不同挖笋措施对黄甜竹笋产量的影响 从表 6－5 可以看出，A1～A3 处理，出笋量依次为 47 670 株/hm^2、51 120 株/hm^2 和 56 580 株/hm^2，A2 和 A3 处理的出笋量分别比对照增加 7.2% 和 18.7%，差异分别呈显著和极显著水平；A2 和 A3 处理竹笋的平均地径分别比对照窄 0.9%和 1.8%，但差异不显著；A2 和 A3 处理竹笋的产量分别比对照增加 4.4%和 9.2%，差异分别呈显著

和极显著水平。B1～B3 处理，出笋量依次为 46 260 株/hm^2、49 395 株/hm^2 和 56 115 株/hm^2，B2 和 B3 处理的出笋量分别比对照增加 6.8%和 21.3%，差异分别呈显著和极显著水平；B2 和 B3 处理竹笋的平均地径分别比对照窄 0.7%和 1.4%，但差异不显著；B2 和 B3 处理竹笋的产量分别比对照增加 3.6%和 14.0%，差异分别呈显著和极显著水平。这表明通过挖笋和施肥，促进更多的笋芽萌发成长，出笋数量增多，从而实现增产。

表 6-5　不同挖笋措施下黄甜竹出笋产量的比较

处理	出笋量（株/hm^2）	平均地径（cm）	产量（kg/hm^2）
A1（CK）	47 670 cB	4.53 aA	16 648.95 cB
A2	51 120 bB	4.49 aA	17 383.65 bB
A3	56 580 aA	4.45 aA	18 180.90 aA
B1（CK）	46 260 cB	4.41 aA	15 257.70 cB
B2	49 395 bB	4.38 aA	15 804.75 bB
B3	56 115 aA	4.35 aA	17 399.25 aA

注：表中同列不同小、大写字母分别表示处理间差异显著（$P<0.05$）、极显著（$P<0.01$）。

（三）结论与讨论

试验结果表明：在海拔高度为 850 m 和 140 m 的竹林中，黄甜竹出笋时间有明显的差异，海拔高 850 m 的竹林出笋时间比海拔高 140 m 的竹林延迟 1 个月左右，结束时间也延迟约 1 个月。主要原因是同一时期高海拔竹林的温度低于低海拔竹林，海拔高 850 m 竹林要延迟 1 个月时间气候温度才能达到黄甜竹出笋的要求，这与孟勇等对黄甜竹进行覆盖增温处理可促使其提早出笋的结论一致，温度高出笋早，温度低出笋迟。因此，结合丽水市 800 生态农产品工程，发展海拔高 800 m 处的黄甜竹，能有效解决夏季新鲜竹笋供应不足的问题。

挖掘竹笋可消除顶端优势，促进其余笋芽分化成长，进而延长笋期；而增施速效复合肥可为笋芽提供充足的养分，促使其出土成笋，增加出笋数量，提高产量。试验结果表明，在海拔 850 m 的竹林中，采取竹笋全部挖取处理时，出笋期长达 70 d，比不挖笋处理延长了 20 d，出笋量多达 56 115 株/hm^2，竹笋产量高达 17 399.25 kg/hm^2。这与许敬良的研究结果一致，不同抚育措施对黄甜竹的笋产量有极显著影响，带状垦复深翻更有利于水肥的保持，使竹鞭发育更健康，提高笋产量。由于竹林更新需要，生产中不宜全部挖除竹笋，在出笋高峰后期应每年留养新竹 2 700～3 600 株/hm^2。

三、高山引种黄甜竹试验初报

黄甜竹（*Acidosasa edulis* Wen）笋期晚，4 月中旬至 6 月中旬。发笋率高，笋肉色白，味甜，松脆可口，品尝风味优于早竹、红竹、白哺鸡竹笋。可鲜食或制干，为笋中上品。竹秆通直尖削度小，节间长，竹壁厚，坚而韧，枝叶繁茂，株形优美，也可材用和观赏。

黄甜竹在丽水、杭州等地低海拔地区引种已获成功。经过几年的栽培试验证明，黄甜竹具有较强的适应能力。在上述两地表现良好。但笋期表现不甚理想，主要是初笋期较早（丽水 4 月中旬、杭州 4 月下旬），笋期较短（丽水 1 个月），经济效益不甚理想。而高山引种可推迟黄甜竹出笋期，延长其笋期，使之在竹笋供应淡季上市，这对促进山区农村经济发展具有重要意义。我们于 1995 年初开展高山引种黄甜竹试验，探索适合高山地区的黄甜竹高效丰产栽培技术，为山区经济发展作有益的尝试。

（一）高山引种黄甜竹的可行性

1. 立地条件 试验地选择在丽水市郑地乡郑地村上江，面积 1/15 hm^2，海拔 860 m。西南坡，中坡，坡度 25°，黄壤。

2. 气候条件 高山引种黄甜竹最重要的问题是：1 月最低气温能否安全越冬。其次是笋期降水量能否满足出笋成竹要求。现将原产地气候条件与引种地（郑地）气候条件进行比较，见表 6－6。

表 6-6 气候条件比较

地点	气温（℃）					无霜期（d）	降水量（mm）		
	1月平均	年均温	最低温	最高温	积温		年平均	3—5月占年降水量（%）	6—8月占年降水量（%）
闽清	6	17.3	−5.8	35.0	5 700	290	1 700	33	36
郑地	2.0	13.6	−10.5	24.5	4 160.5	205	1 621	32	41

从表 6-6 可以看出引种地 1 月平均气温及最低温较原产地低。但黄甜竹的自然分布区在海拔 800 m 左右的山坡上，未受冻害。黄甜竹是复轴型竹种，其耐寒力大大超过合轴型的丛生竹。因此高山引种黄甜竹若能将山地逆温效应考虑进去，引种获得成功的可能性就比较大。

（二）引种试验情况

本试验黄甜竹引种于丽水市（原丽水地区）林业科学研究所，共引种 80 株。

1. 造林技术措施

（1）整地挖穴。全垦整地，深挖大穴，株行距 2 m×2 m，穴大 100 cm×60 cm×60 cm，每穴内施有机肥 50 kg。

（2）母竹的选择和保护。选取 1～2 年生、胸径 2～4 cm、发枝低、无病虫害的健壮竹株作为母竹，留枝盘数 4～5 盘，来鞭保留 30 cm 长，去鞭保留 60 cm 长，带宿土，湿稻草包鞭，包竹蔸。

（3）造林时间。1995 年 2 月 14 日完成起苗工作，当日运到试验地，随即种植。

（4）母竹定植。将腐熟猪栏肥施入穴内，填入表土 40 cm 厚，放入母竹，根盘下部与土密接，竹鞭平展，以表土填平踏实，再覆心土，做成馒头状，高 15～20 cm，然后浇透水，设置防风架。

2. 抚育管理

（1）除草松土，合理施肥全年进行两次抚育，第 1 次 6 月，结合全面松土，进行施肥，尿素 15 kg，过磷酸钙 30 kg，氯化钾

5 kg，以促进竹鞭和新竹生长。第 2 次 10 月，进行全面铲抚，并结合松土除草施入有机肥。

（2）合理留养，间作增收在笋期开始 10 d 左右，留养一批生长健壮、无病虫的笋作为母竹培养。在试验地内套种大豆达到改良土壤增加收益的目的。

（3）开设排水沟以利于林地排水。

（三）引种试验结果

1. 成活率 经过两冬三夏之后，于 1997 年 7 月 15 日调查时，保存下来母竹 75 株，占植株数的 93.8%。

2. 发笋情况

（1）笋期。5 月上旬至 6 月中旬从表 6－7 可以看出，本试验黄甜竹初笋期延迟，笋期较低海拔延长半个月左右。

表 6－7 不同地区笋期比较

地点	地理位置	立地状况				笋期
		地形	海拔（m）	坡向	坡度	
美菰林场（福建闽清）	118°30′E 26°20′N	中山山坡	800	东南	30°	4 月中旬至 6 月中旬
丽水市林业科学研究所（丽水城关）	119°55′E 28°28′N	低山丘陵	140	西	25°	4 月中旬至 5 月中旬
上江（丽水郑地）	119°45′E 28°12′N	中山山坡	860	西南	25°	5 月中旬至 6 月中旬

（2）发笋数量与发笋母竹率。发笋母竹数是逐年增加的，平均每竹发笋数较多，发笋能力强（表 6－8）。

表 6－8 不同年份发笋数量与发笋母竹

年份	母竹数（株）	笋期（月．日）	发笋母竹数（株）	发笋母竹占的百分率（%）	发笋株数（株）	平均母竹发笋数（株）
1995	75	04.21—05.20	40	53.3	80	1.1
1996	75	05.05—06.17	55	73.3	510	6.8
1997	75	05.09—06.26	65	86.7	710	9.5

3. 成竹情况

（1）成竹率。据15从标准竹调查统计，共出笋142株，成竹112株，成竹率78 9%。

（2）成竹数量和质量。1995年成竹60株，1996年成竹340株，1997年成竹560株。3年新竹数为母竹的12.8倍。1995年只有少量发笋，成竹胸径小，1996年发笋数量增加，成竹粗度较母竹小，1997年成竹粗度与母竹相当，有部分超过母竹（表6-9）。

表6-9 新竹数量和质量

母竹		第1年新竹			第2年新竹			第3年新竹			新竹株数合计（株）	占母竹（%）
株数（株）	胸径（cm）	株数（株）	占母竹（%）	胸径（cm）	株数（株）	占上年总数（%）	胸径（cm）	株数（株）	占上年总数（%）	胸径（cm）	占上年总数（%）		
75	1.6	60	80	0.6	340	252	1.29	560	118	1.69	105	960	1 280

（四）冻害情况

引种后未采取防冻措施，1998年以后，由于农户资金、劳动力方面的影响，林地管理放松。但经过数年的观察未发现冻害，1999年12月24日，丽水市莲都区山区的最低气温达-11.3 ℃，历史罕见。2000年1月26日，经丽水市林业科学研究所所同志实地检查，枝叶受冻率为5%。

（五）结果讨论

（1）黄甜竹高山引种试验获得初步成功，试验结果表明，初笋期比低山区（指海拔250m以下的低山丘陵地带）延迟20 d左右，笋期延长至6月中旬，如果能加强林地的肥水管理，精心培育，笋期可能更长。由于本地区大部分笋用竹种笋期集中在3月上旬至5月上旬，5月上旬之后是竹笋供应淡季，本试验黄甜竹笋期从5月上旬开始至6月中旬，抓住了季节上的差异，有望获得较好的经济效益。

（2）本试验引种地与原产地海拔高相近，但纬度增大，1 月平均气温和最低气温较原产地低，黄甜竹能够经受住－11～3 ℃低温的冻害，可以在浙南山区海拔 600～900 m 的山地引种。

（3）高山引种黄甜竹，为了预防冻害的产生，应选择避风向阳、土壤条件较好的中坡作为引种地；多施有机肥，在 1 月低温前施栏肥或采取其他防冻保暖措施。

四、林地覆盖对黄甜竹土壤温度及生长的影响

黄甜竹为竹亚科酸竹属植物，俗称甜笋竹、甜竹，是我国特有的最优质笋用竹种。黄甜竹出笋率高，肉厚色白，笋质鲜嫩，味甘甜，松脆可口，蛋白质和磷、钙含量较高，是众多竹笋品种中营养成分最为丰富的一种，为竹笋中的上品。国内目前有《黄甜竹丰产林地下竹鞭结构生长规律研究》《黄甜竹山地造林技术研究》《黄甜竹笋用林丰产技术试验研究》及黄甜竹的育苗试验、生长规律分析与丰产栽培技术等方面的报道，孟勇等还进行了覆盖增温对黄甜竹提早出笋影响的研究，但提早出笋时间不长（笋期提前 4 d 开始，推迟 2 d 结束；出笋高峰期推后 2 d）。黄甜竹出笋时间在丽水莲都海拔 200 m 的地段主要集中在 4 月上旬至 5 月上中旬，此时间段各种竹笋和新鲜蔬菜集中上市，黄甜竹笋售价不高，而 1—2 月春节期间各种新鲜食材的销量都不错，价格相对较高。因此，开展黄甜竹提早出笋研究，对黄甜竹的开发利用有重要意义。

（一）试验区概况

试验地设在丽水市林业科学研究院百果园基地，其地理位置为 119°52′E，28°27′N；土壤属红壤，pH 5.1，海拔为 140 m。该区气候温暖湿润，日照充足，雨量充沛，年平均气温 18.1 ℃，最热月（7 月）平均气温 29.4 ℃，最冷月（1 月）平均气温 6.1 ℃，极端高温 43.2 ℃，极端低温－7.5 ℃，无霜期 256 d，平均年日照 1 828 h，年降水量 1 427 mm。

（二）材料与方法

1. 试验材料 选择朝南的黄甜竹基地，竹林中 1～3 年生竹子各占 30%，4 年以上竹子占 10%，平均立竹密度 4 500 株/hm^2。发热材料为麦壳和杏鲍菇废菌糠，保温材料为谷壳。

2. 研究方法

（1）试验方法。共设 6 个覆盖处理和 1 个对照（未覆盖）处理。A1、A2 和 A3 均覆盖杏鲍菇废菌糠，其厚度分别为 10 cm、15 cm、20 cm；A4、A5、A6 均覆盖麦壳，其厚度分别为 8 cm、12 cm、16 cm；A7 为未覆盖。样地大小均为 8m×8m，重复 3 次。2016 年 10 月每块样地施复合肥 10 kg，11 月 1 日浇透水，11 月 2 日按设计要求于林地覆盖一半厚度的麦壳或杏鲍菇废菌糠。1 月 1 日再覆盖一半厚度的麦壳或杏鲍菇废菌糠，然后再覆盖 20 cm 厚的保温材料（谷壳）。在各样地内 20 cm 深土层处埋好直角地温计，每天 8 时和 14 时记录土温。以笋尖露出谷壳或地面（对照）5 cm 时为出笋日期，在出笋期间以 4d 为观察周期，调查出笋数，观察单元发笋数占笋期发笋总数的 $P=6\%$ 为界限，将笋期划分为初期、盛期、末期 3 个阶段，A1～A6 处理挖掘全部竹笋，A7 处理不挖掘竹笋。5 月 30 日挖除覆盖物，用卷尺和游标卡尺测量浮鞭的数量及鞭长、鞭径。

（2）数据分析方法。用 Microsoft Excel 2003 软件分别对竹林试验地土壤平均温度、出笋数量、出笋期、浮鞭的数量及鞭长、鞭径等进行统计，数据用 SPSS 19.0 统计软件进行分析。

（三）结果与分析

1. 林地覆盖对土壤温度的影响 从表 6－10 可见：从当年 11 月至翌年 3 月的月平均土温、最高土温、最低土温，A1、A2 和 A3 处理相比，都表现为 A1<A2<A3。A1 处理的最高土温 31 ℃，最低土温 17 ℃；A2 处理的最高土温 35 ℃，最低土温 18 ℃；A3 处理最高土温 39 ℃，最低土温 20 ℃。A4、A5 和 A6 处理相

比，都表现为A4＜A5＜A6。A4处理最高土温28 ℃，最低土温14 ℃；A5处理最高土温34 ℃，最低土温15 ℃；A6处理最高土温39 ℃，最低土温16 ℃。A7处理各月的平均土温较为一致，最高温度20 ℃，最低温度9 ℃，主要是2016年年底至2017年年初气温相对较暖和。由此可见，无论是以杏鲍菇废菌糠，还是麦壳作覆盖材料都能提高土壤温度，比对照的温度增加了5～19 ℃，而且土温均随着覆盖物厚度的增加而提高。

表6-10　不同覆盖处理的土壤温度统计表

处理	土壤月平均温度（℃）					最高土温度（℃）	最低土温度（℃）
	11月	12月	1月	2月	3月		
A1	17	19	26	20	17	31	17
A2	20	23	29	21	19	35	18
A3	23	24	30	22	21	39	20
A4	20	18	21	19	17	28	14
A5	24	19	23	22	18	34	15
A6	25	21	26	23	20	39	16
A7	14	13	14	14	15	20	9

2. 林地覆盖对黄甜竹出笋的影响　从表6-11看出，各覆盖处理的出笋期都比对照提早了，A1处理在1月9日开始出笋，A2处理在1月13日开始出笋，A3处理在1月17日开始出笋，A1、A2和A3处理的出笋时间随着覆盖厚度的增加而逐渐推迟。A4处理在1月1日开始出笋，A5处理在1月5日开始出笋，A6处理在1月9日开始出笋，A4、A5、A6处理的出笋时间也随着覆盖厚度的增加而逐渐推迟。在各处理中，A4处理出笋最早，比A7（对照处理，出笋时间为4月1日）提早3个月。A1、A2、A3、A4、A5、A6、A7各处理的出笋期合计天数分别为92 d、87 d、79 d、97 d、90 d、90 d、45 d。经覆盖处理，黄甜竹笋期会延长，但出笋期最长的是覆盖麦壳8 cm厚的处理，比对照延长52 d。A1处理出笋331个，A2处理出笋267个，A3处理出笋227个，A1、A2

和 A3 处理的出笋量随着覆盖厚度的增加而逐渐减少。A4 处理出笋 363 个，A5 处理出笋 269 个，A6 处理出笋 215 个株，A4、A5、A6 处理出笋量也随着覆盖厚度的增加而逐渐减少。各处理中 A4 处理出笋最多；A7 处理（对照）出笋为 305 个。由此可见，杏鲍菇废菌糠、麦壳的覆盖厚度直接影响出笋量，当杏鲍菇废菌糠覆盖厚度为 10 cm、麦壳覆盖厚度为 8 cm 时，出笋量分别比对照分别增加 8.5%、19.0%。杏鲍菇废菌糠覆盖厚度为 15 cm、麦壳覆盖厚度为 12 cm 时，出笋量比对照分别减少 12.5%、11.8%，而且随着覆盖厚度增加，出笋量减少的幅度也在增大。

表 6-11　不同覆盖处理的出笋情况统计

处理	出笋初期			出笋盛期			出笋末期			出笋期合计天数（d）	样地处理面积内出笋量（株）
	出笋时间（月．日）	天数（d）	比例（%）	出笋时间（月．日）	天数（d）	比例（%）	出笋时间（月．日）	天数（d）	比例（%）		
A1	01.09—02.14	37	18.73	02.15—03.23	37	70.09	03.24—04.10	18	11.18	92	331
A2	01.13—02.10	29	12.36	02.11—03.19	37	73.03	03.20—04.09	21	14.61	87	267
A3	01.17—02.18	33	14.98	02.19—03.23	33	73.57	03.24—04.05	13	11.45	79	227
A4	01.01—02.06	37	20.11	02.07—03.13	35	68.04	03.14—04.07	25	11.85	97	363
A5	01.05—02.06	33	16.73	02.07—03.15	33	72.12	03.16—04.09	24	11.15	90	269
A6	01.09—02.10	33	11.16	02.11—03.18	36	78.14	03.19—04.08	21	10.7	90	215
A7	04.01—04.09	9	9.3	04.10—05.03	24	81.83	05.04—05.15	12	8.87	45	305

注："比例"指占该处理出笋总数的百分比。

3. 林地覆盖对黄甜竹浮鞭生长的影响　由表 6-12 可以看出：杏鲍菇废菌糠覆盖处理的浮鞭数为23～24 条，麦壳覆盖处理的为 13～14 条；杏鲍菇废菌糠覆盖处理的浮鞭平均长度为 31～39 cm，麦壳覆盖处理的为 14～18 cm；杏鲍菇废菌糠覆盖处理的浮鞭平均鞭径为 1.50～1.71 cm，麦壳覆盖处理的为 1.43～1.47 cm，对照的没有发现浮鞭。多重比较分析结果显示：杏鲍菇废菌糠覆盖处理与麦壳覆盖处理间黄甜竹浮鞭条数及平均长度的差异均达到极显著水平，平均鞭径的差异达显著水平；相同覆盖材料不同厚度间浮鞭条数、平均长度、平均鞭径的差异均没有达到显著水平。这说明覆盖材料对黄甜竹浮鞭生长有显著影响，覆盖厚度对黄甜竹浮鞭生长影响不显著。究其原因，根据杨明等研究的竹鞭生长具有趋肥性的特点，可能是杏鲍菇废菌糠的肥效高于麦壳的原因所致。

表 6-12　覆盖基地浮鞭统计

处理	鞭根数（条）	鞭长（cm）	鞭径（cm）
A1	23aA	31.47aA	1.50a
A2	24aA	36.21bA	1.62a
A3	24aA	39.85aA	1.71a
A4	13bB	14.36bB	1.43b
A5	13bB	16.76bB	1.45b
A6	14bB	18.24bB	1.47b
A7	0	0	0

注：表中同列不同大、小写字母分别表示处理间差异极显著（$P<0.01$）和显著（$P<0.05$）。

（四）结论与讨论

以杏鲍菇废菌糠或麦壳覆盖的黄甜竹林地比未覆盖的林地土温增加了 5～19 ℃，而且土温均随着覆盖厚度的增加而增加，杏鲍菇废菌糠和麦壳都可以作为黄甜竹林地覆盖的发热材料。覆盖厚度与出笋数成负相关，随着覆盖厚度的增加，出笋数减少的幅度也在增大，彭赛芬的研究则显示，覆盖厚度为 6 cm 处理的效果优于覆盖厚度为 3 cm 处理的，说明覆盖厚度不是越厚越好。出笋时间比对照提早 3 个月，笋期延长了 52 d，比孟勇等的研究结果提前了 4 d 开始，推迟了 2 d 结束，效果更明显。不同覆盖材料对黄甜竹浮鞭生长有显著影响，杏鲍菇废菌糠覆盖处理黄甜竹的浮鞭条数、平均长度显著大于麦壳覆盖处理的。方栋龙等的研究表明，竹林地被覆盖后，保湿保墒能力增强，腐殖质迅速分解，可有效增加林地肥力，有利于竹林鞭系的发育和孕鞭育笋，增产效果较好，张慧等的研究表明，稻草覆盖对增加林地肥力不显著，增产效果不明显，说明覆盖材料不但对竹笋产量有影响，对竹鞭的生长也有影响。

因此，利用覆盖技术可以使黄甜竹提早出笋，延长出笋期。选用麦壳作发热材料，厚度控制在 8 cm 左右，然后加盖 20 cm 厚的谷壳保温材料，既可延长出笋时间，又能获得更大竹笋产量，并可使浮鞭数量控制在最低水平，达到最佳覆盖效果。

五、UV-C 辐照处理对冷藏鲜切黄甜竹笋品质的影响

黄甜竹是禾本科酸竹属中小型散生竹植物。适栽于山地、丘陵、平原、冲积溪沿岸，滩涂地和房前屋后空地，在浙西南地区的地理位置、气候、土地等生态环境条件都很适宜黄甜竹的生长。黄甜竹笋味道甜美、口感香脆，富含丰富的蛋白质、钙等营养，是笋类中营养价值含量最高的一种竹笋，又因为出笋期间温度高，出笋集中、数量大，采后容易发生木质化、褐变和腐烂变质，贮藏难度较大，因此限制了产品的流通和销售。

UV-C 的波长介于 200～280 nm 范围，是短波紫外光，UV-C 辐照处理是一种无化学污染的物理方法。Barka 等研究指出利用适当剂量的 UV-C 可以诱导果蔬产生有益反应，荣瑞芳等和 Charles 等的研究也提出紫外处理可以延迟果蔬的成熟和衰老。同时，相关研究证实，UV-C 辐照有助于降低果蔬采后的呼吸速率和抑制腐烂率，降低腐烂率，并且能够延缓不同种类的果蔬如：苹果、柑橘、番茄、桃、葡萄、番石榴的衰老和成熟。González-Aguilar 等也发现适当剂量 UV-C 辐照能够提高鲜切芒果的抗氧化能力，Erkan 等的研究也指出，UV-C 辐照能够提升贮藏期内草莓的抗氧化能力。近些年来的相关研究显示，UV-C 处理能够提高通过提升抗氧化防御系统和促进脯氨酸累积来提高采后竹笋对冷害的耐受性。然而，关于 UV-C 辐照处理对于采后去壳黄甜竹笋的褐变、木质化以及食用品质的影响尚没有研究，因此，本文以黄甜竹笋为原料，研究紫

外UV-C辐照对黄甜竹笋品质、木质化、褐变的影响，为竹笋的采后贮藏保鲜提供一定的实验依据。

（一）材料与方法

1. 材料与仪器

（1）黄甜竹笋。4月底早上5：00左右采集于浙江省丽水市黄甜竹的竹林。

（2）试剂与耗材。L-苯丙氨酸、愈创木酚、4-香豆酸、CoA、二硫苏糖醇（DTT）、聚乙烯吡咯烷酮、PEG6000、邻苯二酚，均为分析纯，国药集团化学试剂有限公司；松柏醇、$NADP^+$，sigma公司；0.05 mm厚度聚乙烯薄膜袋，妙洁公司。

（3）仪器。G30T8UV-C灯管，飞利浦公司；先驰SENTRY ST-512UV-C紫外辐照计，台湾先驰公司；3-30K冷冻离心机，Sigma公司；UV2450岛津紫外可见分光光度计，岛津公司；MIR-554恒温恒湿箱，Sanyo公司；TA-XT2i质构仪，Stable Micro Systems Ltd.，UK；CHROMA METER CR-400色差仪，柯尼卡公司。

2. 实验方法

（1）黄甜竹笋的辐照处理及贮藏。黄甜竹笋于4月底早上采收于黄甜竹竹林，挑选外观完好且直径和长度相近的笋，后放置于泡沫箱中3 h内运至实验室。黄甜竹笋样品切除基部2～3 cm不可食用部分，小心剥除笋壳，用自来水清洗干净，沥干水后，自笋基部往上切成3～4 cm的笋段，而后处理组用UV-C辐照基部切口位置，辐照强度为2.6 kJ/m^2（该参数为前期预实验获得的最佳辐照处理强度），对照组无辐照处理。然后样品装于塑料筐中，套0.05 mm厚的聚乙烯袋，不封口，置于6 ℃的恒温恒湿箱（Sanyo，MIR-554）中贮藏。

每2 d随机取样品，检测切口部位的色差、腐烂率，同时取笋基部切口位置往上2～4 cm的一段用于取样检测硬度、木质素和纤维素含量、PAL（苯丙氨酸解氨酶）、CAD（肉桂醇脱氢酶）、

POD（过氧化物酶）、PPO（多酚氧化酶）活性、LOX（脂肪氧合酶）、SOD（超氧化物歧化酶）、CAT（过氧化氢酶）、过氧化氢含量。实验重复三次，每个处理每次取样 36 根笋段。

（2）指标测定方法。

①色差的测定。采用色差仪测定黄甜竹笋基部切面的 L^* 值，每株切面测定 3 个位置，取平均值。

②POD、PPO 活性的测定。POD、PPO 活性的活性的测定按照曹建康等报道的方法。

③腐烂率的测定。每 3 d 检视黄甜竹笋表面真菌和细菌生长造成的损伤和病灶，不论程度大小，只要肉眼可见，都记为腐烂，计算公式如下：

$$腐烂率（\%）=\frac{腐烂笋数量}{笋总数量}\times 100$$

④硬度的测定。从黄甜竹笋取样部位切下约 0.7 cm 厚的笋肉，用质构仪检测笋肉的硬度，探头为 P/2N，探头测试深度为 4 mm，贯入速度为 0.5 mm/s，单位为 N，三次重复。

⑤木质素和纤维素的测定。参照罗自生等报道的方法测定，结果按照占笋肉鲜重质量百分比计。

⑥PAL、CAD 活性的测定。PAL 活性的测定按照曹建康等报道的方法，CAD 活性测定参照罗自生等报道的方法。

⑦SOD、CAT 活性的测定。SOD、CAT 活性的测定按照曹建康等报道的方法。

⑧过氧化氢含量的测定。过氧化氢含量的测定按照曹建康等报道的方法。

3. 数据处理　结果以平均值±标准偏差表示；SPSS13.0 用 one－way ANOVA 方法对数据进行差异显著性分析。

（二）结果与分析

1. UV-C 辐照处理对黄甜竹笋 L^* 值、腐烂率的影响　由图 6－1 可见：随着冷藏时间的延长，腐烂率也呈现逐渐上升趋势，而UV-C辐照能够显著抑制笋体的腐烂率（$P<0.05$）；黄甜竹笋基部切面 L^* 值在贮藏期间逐渐降低，但在冷藏期间，UV-C辐照处理组的 L^* 值显著高于对照组（$P<0.05$）。

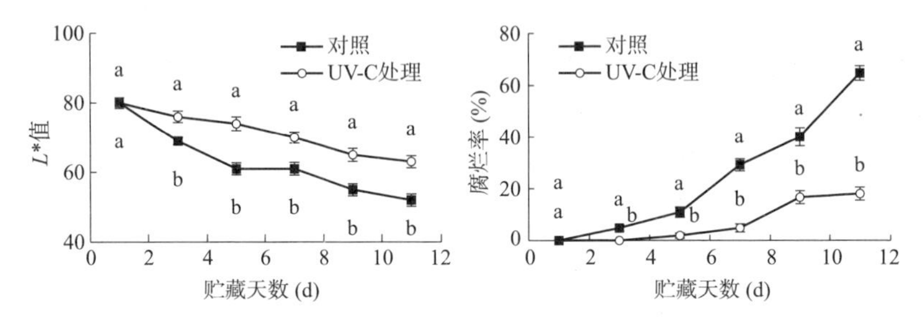

图6-1 UV-C处理对6℃下冷藏竹笋色差 L^* 值、腐烂率的影响

注：不同小写字母表示对照组和处理组差异显著（$p<0.05$）。

同时，由图6-2可见：采后10 d，黄甜竹笋对照组的切面和笋体发生较重的褐变和霉变，表面有明显的褐色且有明显的酸腐味和霉味；而UV-C辐照处理的笋体颜色仍呈现较好的黄色，切面颜色为淡淡的棕黄色、轻微褐变并带有黄甜竹笋特有的甜味，可食用率（80.2%）比对照（40.1%）高40%以上。

实验结果说明，随着贮藏时间的延长，黄甜竹笋采后对微生物的抗病性逐渐减弱，由微生物引起的侵染性病害逐渐加重，导致产品发生明显的腐烂。同时，可以看出，UV-C辐照处理有效抑制了微生物侵染性病害的发生。本实验的研究结果与相关研究指出的UV-C辐照有助于抑制和降低果蔬采后腐烂率是一致的。对于UV-C辐照处理的抗病性机制，Shama研究指出，UV-C作为果蔬采后保鲜的一个有效方法在于其能够刺激整个组织产生抗病效应；Barka等研究表明，UV-C处理能够刺激植物组织抗真菌防御酶的合成与活性提高。另外，Allende等研究了不同剂量UV-C对切分生菜的微生物数量和质量的影响，结果表明，适当辐照强度的UV-C处理（4.74 kJ/m^2）能够大量减少微生物数量，且不影响生菜品质，说明适当的辐照强度既能够降低腐烂率，又能够保持产品品质，本实验的也是通过前期预实验选取到了最佳处理辐照强度，

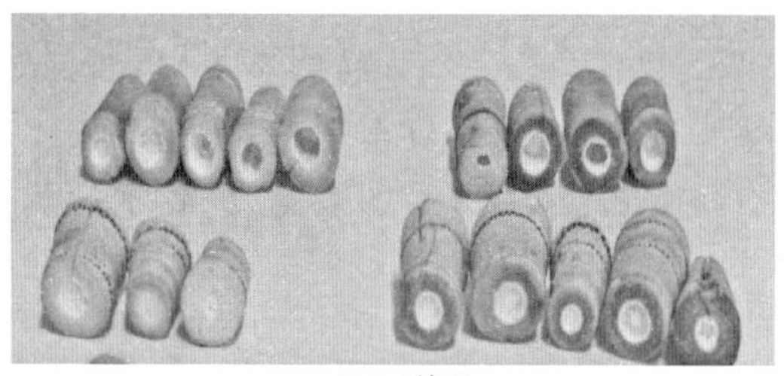

UV-C处理

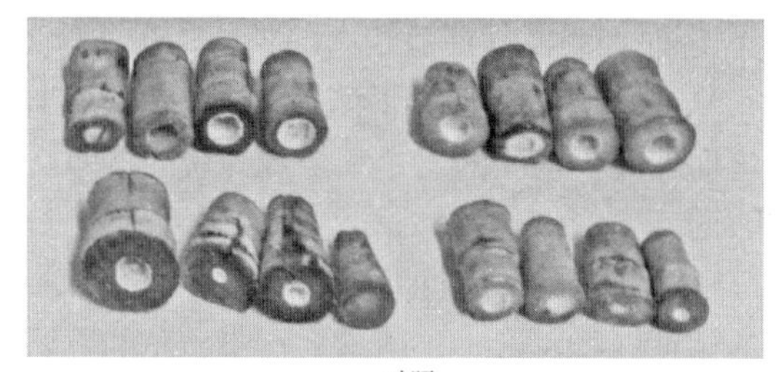

对照

图 6－2　UV-C 处理后冷藏 10 d 后黄甜竹笋的外观状况

这也是对本实验的方案的支持。

2. UV-C 辐照处理对黄甜竹笋的 PPO、POD 活性的影响　由图 6－3 可见，PPO 活性在整个贮藏期中，在冷藏的第 3 天，UV-C 处理与对照差异不明显，而 6～15 d，UV-C 处理组的活性 PPO 活性明显低于对照组（$P<0.05$）；而 UV-C 处理组的活性 POD 活性在整个贮藏期间都明显低于对照组（$P<0.05$）。

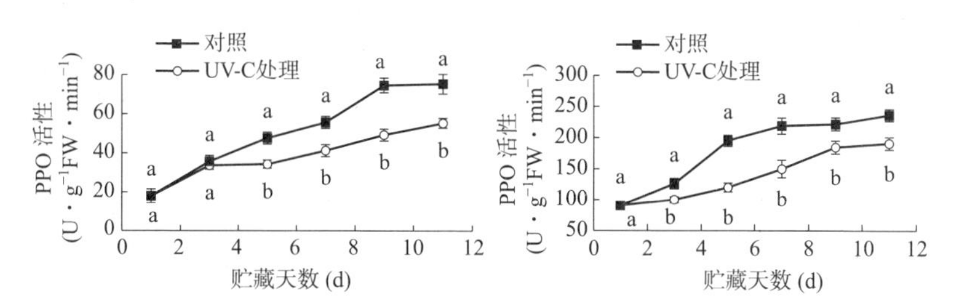

图 6－3　UV-C 处理对 6 ℃下冷藏竹笋 PPO、POD 活性的影响

注：不同小写字母表示对照组和处理组差异显著（$P<0.05$）。

从前面的实验结果可以看出，UV-C 辐照处理有效抑制了笋体和笋切面的褐变，延缓了采后黄甜竹笋感官品质的下降。采收竹笋容易发生褐变也是导致品质劣变的另一个因素，Degl′Innocenti 等和 Peiser 等研究提出，采后果蔬的褐变跟一系列生物化学反应相关，其中 POD、PPO 是该代谢途径的关键酶。罗自生等研究发现水杨酸处理能够通过抑制 POD 和 PPO 酶活的上升进而抑制采后雷竹笋的褐变，沈玫等通过研究提出外源草酸的处理降低了 PPO 和 POD 的活性，进而抑制了马蹄笋切面的褐变；本实验的结果显示，适当剂量的 UV-C 辐照处理延缓了酶促褐变关键酶 PPO、POD 的活性上升，进而迟滞了褐变的发生和外观品质的下降，与上述学者的研究是一致的。

3. UV-C 辐照处理对黄甜竹笋的硬度、纤维素和木质素含量的影响 竹笋的硬度（脆嫩度）是衡量其食用品质的重要指标，而采后贮藏过程中笋体组织的纤维化和木质化会导致硬度上升，使口感品质下降。罗自生等、王敬文和陈明木等研究发现，采后竹笋在贮藏过程中，其组织结构中纤维素和木质素含量大量增加及木质素填充于纤维素的网格骨架结构中，这一生理过程导致了竹笋硬度快速上升，进而导致食用品质下降，并称其为木质纤维化。

由图 6-4 可以看出，随着冷藏时间的延长，黄甜竹笋的硬度和木质素含量都呈现逐渐上升的趋势，而相对于对照组，UV-C 辐照处理能够显著地抑制笋肉组织硬度的上升和笋肉组织木质素含量的累积（$P<0.05$）；在整个贮藏过程中，黄甜竹笋的纤维素的含量也呈现逐渐上升的趋势，在冷藏的第 3 天的纤维素含量，UV-C 处理与对照差异不明显，而 6～15 d，UV-C 辐照处理明显了抑制笋肉组织纤维素的累积（$P<0.05$）。

黄程前等的研究表明 UV-C 结合 ClO_2 处理能够有效地抑制鲜切毛竹笋 POD、PPO 和 PAL 活性，进而减少组织中木质素的合成和延缓组织木质化，这与本实验的结果一致。

4. UV-C 辐照处理对 PAL、CAD 活性的影响 Boerjan 等、Imberty 等和林娈等通过研究提出，植物组织中木质素是通过苯丙

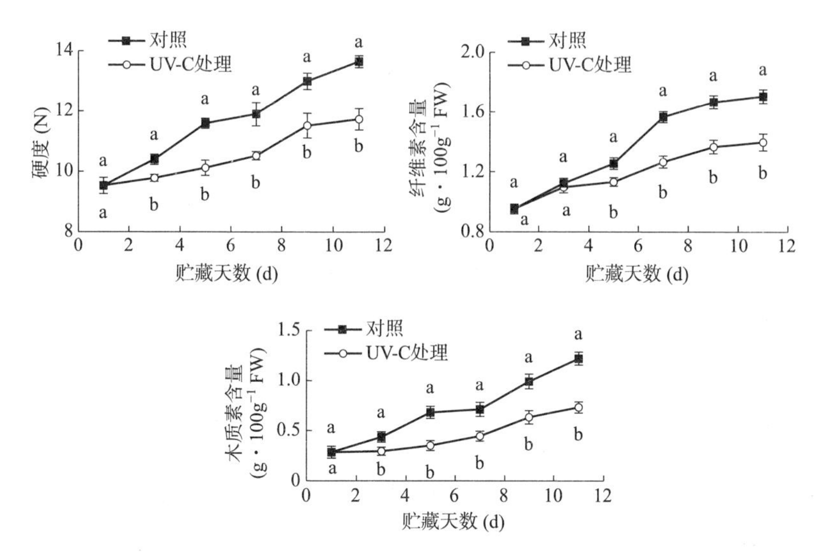

图 6-4　UV-C 处理对 6 ℃下冷藏竹笋硬度、木质素和纤维素含量的影响

注：不同小写字母表示对照组和处理组在 $P<0.05$ 水平上差异显著。

烷类代谢合成，是苯丙氨酸通过一系列生物化学反应合成木质素单体，而后通过聚合反应生成木质素；在这个过程中，有三个关键酶起着重要作用，分别是 PAL、CAD 和 POD；其中 PAL 是第一个关键酶，其催化 L-苯丙氨酸脱氨基生成反肉桂酸，后者转化为多种苯丙烷代谢的中间代谢产物如：木质素单体、黄酮类、绿原酸，CAD 催化最后一步使得木质素的结构多样化；而 POD 是该代谢途径的最后一个关键酶，催化苯丙烷途径合成的木质素前体发生聚合，从而完成最后一步反应并形成木质素。因此，PAL、CAD 和 POD 活性升高都能够促进木质素合成，加速组织木质化，降低食用品质。另外，陆胜民等的研究报道也表明竹笋采后木质化过程既与 PAL 和 POD 酶活上升相关，也与 PPO 和肉桂醇脱氢酶（CAD）两个酶活性增加相关，原因在于 PPO 和 CAD 也会通过参与绿原酸、香豆素等酚类物质的氧化而加速木质素的合成。

从图 6-5 可以看出：PAL 和 CAD 的活性在整个贮藏期中，都呈现逐渐上升的趋势，且冷藏期间，UV-C 处理组的 PAL 和

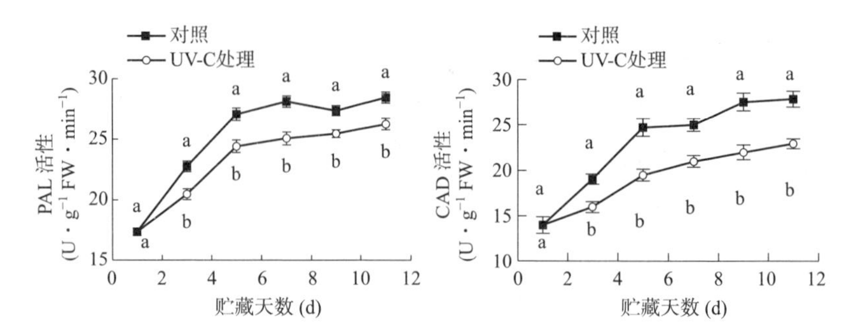

图 6-5　UV-C 处理对 6 ℃下冷藏竹笋的 PAL、CAD 活性的影响

注：不同小写字母表示对照组和处理组在 $P<0.05$ 水平上差异显著。

CAD 活性都显著低于对照组（$P<0.05$）。

罗自生等研究指出适度热处理和 1-MCP 处理能够有效地抑制 PAL、POD、CAD 的活性进而抑制竹笋的木质化进程。本实验通过研究发现，黄甜竹笋经过适当辐照剂量的 UV-C 处理后，冷藏期间 PAL、POD、CAD 的活性均明显降低，笋肉组织的硬度、木质素和纤维素的含量也明显低于对照。以上说明，本实验适当剂量的 UV-C 辐照能够通过有效地抑制黄甜竹笋的木质素合成代谢的关键酶 PAL、POD、CAD 的活性进而达到抑制木质素累积，延缓木质化进程的效果，这与相关学者对竹笋采后木质化进程抑制机制的研究结果是一致的。

5. UV-C 辐照处理对 SOD、CAT 活性和 H_2O_2 含量的影响　从图 6-6 可以看出，SOD 和 CAT 的活性在整个贮藏期中，都呈现逐渐下降的趋势，在冷藏期间，UV-C 处理组的 SOD 和 CAT 活性都显著高于对照组（$P<0.05$）；对照组 H_2O_2 含量在 1～4 d 内逐渐增加，而后在较高水平上波动，而 UV-C 处理组的 H_2O_2 含量变化呈现逐渐下降的趋势，且贮藏期内，UV-C 处理组的 H_2O_2 含量显著低于对照组（$p<0.05$）。

相关学者研究指出，活性氧（ROS）代谢参与了竹笋采后木质化过程，SOD 和 CAT 是清除 ROS 的重要抗氧化酶。本试验中经过适当剂量的 UV-C 辐照处理后，SOD 和 CAT 活性显著高于对

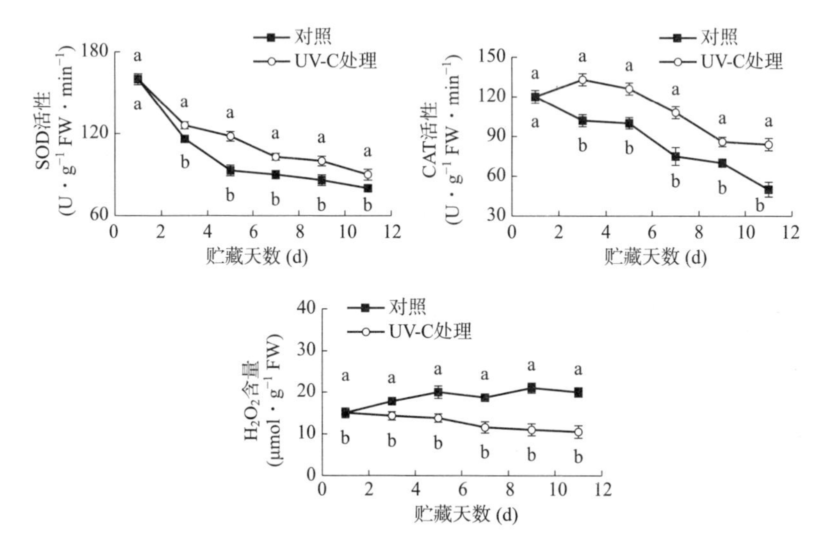

图 6-6 UV-C 处理对 6 ℃下冷藏竹笋的 SOD、CAT 活性和 H_2O_2 含量的影响

注：不同小写字母表示对照组和处理组在 $p<0.05$ 水平上差异显著。

照，同时 H_2O_2 含量显著低于对照，与 UV-C 处理调控冷胁迫下竹笋的抗氧化系统和脯氨酸代谢一文的结果的研究结果相似。因此，适当剂量的 UV-C 辐照处理能够有效提高抗氧化酶活性，使 ROS 维持在一个较低水平，既能够降低鲜笋贮藏期间的氧化伤害和褐变，又能迟滞木质化进程。

（三）结论

本实验通过研究发现，鲜切的黄甜竹笋经过适当辐照剂量的 UV-C 处理后，冷藏期间 PAL、POD、CAD 的活性均明显降低，SOD 和 CAT 活性都显著高于对照，笋肉组织的硬度、木质素、纤维素以及 H_2O_2 的含量以及腐烂率也明显低于对照，且色泽明显优于对照，同时冷藏至第 10 天的黄甜竹笋的可食用率可达到 80.2%，仍然维持较好的食用品质。

本实验的研究结果表明，适当剂量的 UV-C 辐照处理能够有效抑制冷藏鲜切黄甜竹笋的木质纤维化进程，延缓褐变，保持产品感官和食用品质，可以作为黄甜竹笋采后贮藏保鲜的一种新方法。本实验从 UV-C 辐照处理对鲜切黄甜竹笋采后贮藏过程中保持品质、抑制木质化和褐变的生理角度进行了研究，结果表明效果显著；而 UV-C 辐照处理对于褐变及木质化代谢相关酶的基因表达的调控情况是怎样的，从分子水平来看，是否也有积极而显著的影响，这是本课题后续深入研究的方向。

六、减压冷藏对去壳黄甜竹笋的保鲜效果及其生理和分子机制

黄甜竹是禾本科酸竹属散生竹，广泛分布种植于浙西南地区。黄甜竹笋口感鲜甜、细腻，富含丰富的氨基酸、糖类、膳食纤维等营养素；由于其集中出笋于气温较高的 4—5 月，加之采后极易发生褐变、木质化和腐烂变质，因此保鲜难度大，严重制约着该产品的运输销售，影响了产业发展。

减压贮藏能够通过降低贮藏环境的气压进而降低氧气含量进而抑制呼吸，并能够快速去除呼吸热。相关研究指出，减压贮藏能够显著抑制苹果、芦笋、甜樱桃、草莓、青辣椒、绿皮西葫芦、番茄、水蜜桃、鲜切西蓝花、双孢菇、杏鲍菇、松茸和芒果等果蔬采后的成熟、衰老及品质劣变的速度，具体表现在延缓果实硬度下降和叶绿素降解、抑制呼吸速率和失重率上升、减轻膜脂过氧化程度和延缓褐变发生、抑制维生素 C 等营养成分损失和可溶性固形物含量下降及保持较好的色泽和香气等，进而有效延缓食用品质下降和延长贮藏期。郑先章等提出，减压贮藏短期处理对生鲜果蔬、食用菌等具有后续保鲜效应，可在一定程度上弥补目前生鲜果蔬等在冷链流通过程中断链的缺陷，可以为生鲜电商提供一定的技术支撑。然而，关于减压贮藏对去壳冷藏黄甜竹笋的褐变、笋肉木质化及品质影响的研究尚没有报道，去壳净笋产业是近年来快速发展的一个产业，去壳净笋以其加工烹饪方便及无笋壳等固体废弃物污染等优点广受城市消费者欢迎，鉴于此，本实验以去壳黄甜

竹笋为原料，研究减压贮藏延缓黄甜竹笋冷藏期间木质化、褐变进程及内在调控机制，为黄甜竹笋净笋的流通销售过程中保鲜方法的筛选及保鲜包装盒的设计研发提供实验依据。

（一）材料与方法

1. 材料与试剂

（1）黄甜竹笋。5月初上午6：00左右采收于浙江省丽水市林业科学研究院的黄甜竹林。

（2）试剂。L-苯丙氨酸、愈创木酚、三氯乙酸（TCA）、硫代巴比妥酸（TBA）、聚乙烯吡咯烷酮（PVP）、邻苯二酚、EDTA、TritonX-100、β-巯基乙醇，均为分析纯：国药集团化学试剂有限公司；松柏醇、烟酰胺腺嘌呤二核苷酸磷酸（氧化态）：sigma公司；PureLink® plant RNA Reagent、RNase-FreeDNaseⅠ、PrimeScriptTMⅡ 1st Strand cDNA Synthesis Kit、SYBR© Premix Ex TaqTM (Perfect Real Time)。

2. 仪器与设备 减压贮藏小型实验设备：宁波象山食品设备有限公司；DDS-307台式电导率仪：上海仪电科学仪器股份有限公司；3-30K冷冻离心机：Sigma公司；TYI-3016F便携式红外二氧化碳分析仪：上海唐仪电子科技有限公司；UV-2355紫外可见分光光度计：尤尼柯（上海）仪器有限公司；LHS-350SC恒温恒湿箱：上海科辰实验设备有限公司；TA-XT2i质构仪：Stable Micro Systems Ltd.，UK；CHROMA METER CR-400色差仪：柯尼卡公司。

3. 试验方法

（1）预处理试验。现场采挖黄甜竹笋，现场拣选基部切口平整、笋体其他部位无机械损伤、无病虫害且粗细和长短相近的笋，放置于采样盒中于空调车内3 h内运至实验室。切除自基部切口向上长度3～4 cm部分，剥去笋壳，自来水冲洗干净后阴凉通风处晾干，随机取180根笋，分成6组，1组用于测定0 d初始数据，另外4组放入减压贮藏设备的贮藏室（减压贮藏实验设备结构原理如图6-7所示），先进行预实验［于（85±5）kPa、（70±5）kPa、

(55±5) kPa 和 (40±5) kPa 减压环境下，(6±1) ℃ 、85%～90% 相对温度中贮藏 10 d，第 6 组在 101 kPa 空气环境下同温湿度冷藏作为对照]。筛选出最适处理参数后，将剩余 360 根笋，分成 2 组，一组于贮藏气压 (55±5) kPa（该参数为前期预实验获得的最佳处理），另一组以空气环境中贮藏为对照（Control），于 (6±1) ℃ 、温度 85%～90%贮藏 10 d，开展后续实验。

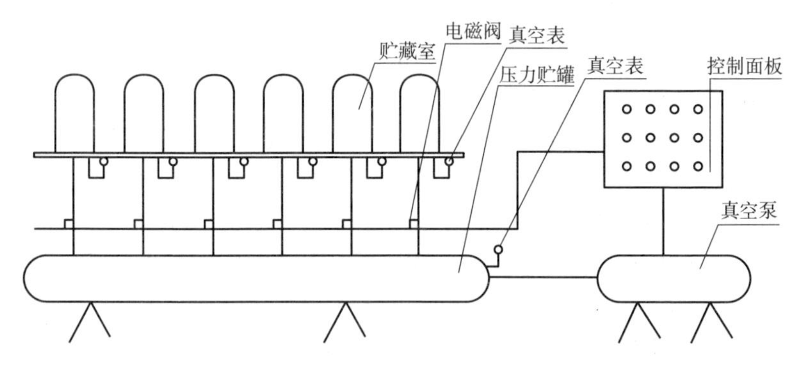

图 6-7　减压贮藏实验设备结构原理图

每 2 d 随机取样品，每组每次取样 30 根笋，检测基部切面的色差、测定呼吸速率，选取自基部切口往上 2～4 cm 的一段，检测该段笋肉组织的电导率、MDA 含量、硬度、木质素和纤维素含量及 PAL、POD、CAD、PPO 酶的活性及其编码基因的相对表达量，实验重复三次。

(2) 测定项目与方法。

①呼吸速率的测定。取 6 个密封良好且洁净的干燥器（其中 3 个连接真空泵维持减压状态），分别在相应的贮藏温度下，先用便携式红外线 CO_2 分析器检测各自干燥器中 CO_2 浓度，然后将对照和减压贮藏的去壳黄甜竹笋放入各自对应的干燥器中，密封后两组笋在各自对应的常压和减压环境下放置 2 h，再检测干燥器中 CO_2 浓度，根据前后 CO_2 浓度变化、干燥器的容积与笋的体积及笋的质量计算呼吸速率。

②色差的测定。采用色差仪测定黄甜竹笋基部切面的 L^* 值，三次重复，取平均值。

③电导率和丙二醛（MDA）含量的测定。电导率的测定参照曹建康等的方法稍作修改：测定的样品改为 10 片直径 1 cm、厚度 1 mm 左右的笋肉组织的圆片。丙二醛含量的测定参照曹建康等的方法。

④硬度的测定。从黄甜竹笋测定部位切下 1.0～1.4 cm 厚的笋肉，切成边长约 1 cm×1 cm 的正方形，然后用质构仪 P/2 平头柱形探头检测笋肉的硬度，探头测试深度为 4 mm，贯入速度为 0.5 mm/s，单位为 N，三次重复，取均值。

⑤纤维素和木质素的测定。参照 Zeng 等的方法，结果以占笋肉鲜重质量百分比计。

⑥PAL、CAD、POD、PPO 活性的测定。PAL、POD、PPO 活性测定参照曹建康等的方法，CAD 活性测定参照 Zeng 等报道的方法。

⑦黄甜竹笋木质素代谢和褐变相关酶基因表达的测定。参照郑剑等的方法并稍作修改，方法如下：

逆转录实验：用 SuperScript™ Ⅲ First-Strand Synthesis Super Mix 进行逆转录试验。

Real-time PCR 检测：用多重实时荧光定量 PCR 仪进行扩增，引物及条件见表 6-13，扩增总体系为 25 μL，反应体系共 25 μL，包括：ddH_2O 10.5 μL，SYBR Premix Ex TaqTM（2×）12.5 μL，PCR-F（10 μM）0.5 μL，PCR-R（10 μM）0.5 μL，模板 cDNA1.0 μL。

表 6-13 定量 PCR 引物序列及反应条件

物种名称	基因名称	基因序列号	引物序列	扩增长度（bp）	溶解温度（℃）
Phyllostachys edulis	*Actin*	FJ601918.1	F：TGCCCTTGATTATGAGCAGG R：AACCTTTCTGCTCCGATGGT	108	60

（续）

物种名称	基因名称	基因序列号	引物序列	扩增长度（bp）	溶解温度（℃）
Phyllostachys edulis	*cinnamyl alcohol dehydrogenase*（*CAD*）	EF549577.1	F：GGTCACCGTGATCAGCTCGT R：TTACCTTCATTTGCTCGGCG	104	60
Phyllostachys edulis	*polyphenol oxidase*（*PPO*）	PH01000032G1250	F：ATAGCGCTGATGAAGGCGAT R：TGGATCTGCACGTTCAGCTC	132	60
Phyllostachys edulis	*Peroxidase*（*POD*）	FP092331.1	F：GGCATGATCCACCAGCTCAC R：TTCCTCCTGATCTCCCCCTG	116	60
Phyllostachys prominens	*phenylalanine ammonia-lyase*（*PAL1*）	AY450643.2	F：CTCCGTGTTTGCCAAGGTTG R：GAGCGGCCCTCAGTGATTCT	132	60

反应条件为：95 ℃，1 min；40 个循环：95 ℃，10 sec；62 ℃，25sec（收集荧光）；熔点曲线分析 55～95 ℃。

4. 数据分析 SPSS16.0 用 one-way ANOVA 方法对数据进行显著性检验分析，用 Duncan 进行多重比较分析（$P<0.05$），用 Excel 作图。

（二）结果与分析

1. 黄甜竹笋减压贮藏参数的预实验筛选 预实验中减压贮藏不同压力环境下去壳黄甜竹笋的品质指标变化如表 6-14 所示。竹笋的硬度和笋肉组织中木质素含量在 6 ℃贮藏下 10 d 后对照和各处理都呈现明显上升趋势，四组减压处理都显著抑制了竹笋硬度和木质素含量的上升，然而在 85 kPa 和 70 kPa 条件下减压贮藏的去壳黄甜竹笋的失重率显著高于对照；同时，70 kPa、55 kPa 和 40 kPa 的减压贮藏显著抑制了笋肉组织中木质素和纤维素含量及硬度的上升和切面色差的下降，而 85 kPa 的减压贮藏抑制笋肉组织中纤维素含量上升和切面色差下降不显著；55 kPa 减压贮藏黄甜竹笋在抑制笋肉硬度和失重率上升方面略好于 40 kPa 下减压贮藏，但差异不显著，在木质素和纤维素含量及切面色差指标上差异也不显著，综合考虑以上结果及减压设备运营等因素，确定 55 kPa 的减压贮藏环境为本实验中延缓黄甜竹笋品质下降最理想的参数。后续试验以 55 kPa 减压贮藏开展。

表 6-14　不同减压贮藏参数对 6 ℃下冷藏 10 d 的黄甜竹笋硬度、L^* 值、木质素和纤维素含量及失重率的影响

贮藏时间(d)	处理	硬度 N	L^*	每 100 g 木质素含量(g)	每 100 g 纤维素含量(g)	失重率(%)
0		6.74±0.46[d]	81.13±2.43[a]	0.36±0.10[d]	0.86±0.10[c]	0[c]
10	对照(Control)	16.41±1.22[a]	47.83±2.86[c]	1.14±0.12[a]	1.85±0.08[a]	2.05±0.84[b]
	(85±5) kPa	14.73±0.74[b]	50.90±1.75[c]	0.96±0.09[b]	1.72±0.08[a]	4.21±0.86[a]
	(70±5) kPa	14.03±0.94[b]	60.53±2.76[b]	0.96±0.08[b]	1.46±0.08[b]	3.58±0.56[a]
	(55±5) kPa	12.09±0.75[c]	59.43±3.42[b]	0.79±0.07[c]	1.32±0.07[b]	1.76±0.42[b]
	(40±5) kPa	12.41±0.92[c]	61.20±2.86[b]	0.76±0.09[c]	1.34±0.08[b]	2.01±0.62[b]

注：数据表示为均值±标准偏差。同一列中不同小写字母表示差异显著（$P<0.05$）。

2. 减压贮藏对黄甜竹笋的呼吸速率和 L^* 值的影响　冷藏过程中，黄甜竹笋呼吸速率随着时间的延长逐渐升高，在第 2 天，减压贮藏黄甜竹笋的呼吸速率略低于对照但差异不显著，其后的 4～10 d 内，显著低于对照（$P<0.05$）（图 6-8A）。

随着冷藏时间的延长，黄甜竹笋切面 L^* 值逐渐降低，在冷藏的第 2 天，减压冷藏黄甜竹笋的 L^* 值略高于对照但差异不显著，而其后的 4～10 d 内，减压冷藏黄甜竹笋的基部切面 L^* 值显著高于对照（$P<0.05$）（图 6-8B）。

同时，冷藏到第 10 天，对照黄甜竹笋的切面和笋体发生较明显褐变，笋肉和外表面呈现明显的棕褐色且有明显酸腐味；而减压冷藏黄甜竹笋的笋体颜色大部分仍呈现淡黄色，切面颜色为淡棕黄色、轻微褐变、笋体比较饱满且仍然有黄甜竹笋特有的鲜甜味，可食用率（82.3%）比对照（36.2%）高46.1%（图6-9）。

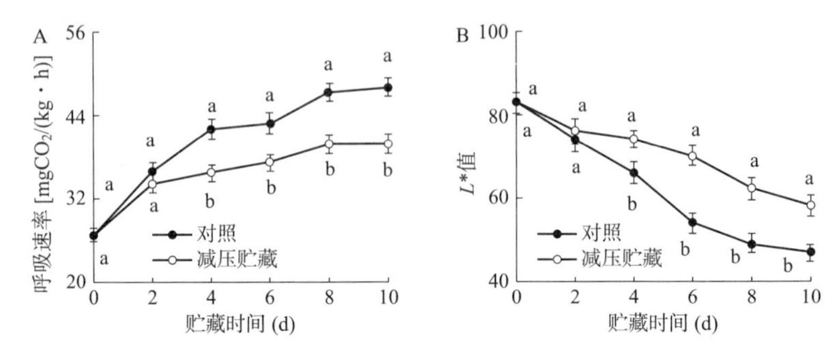

图6-8 减压贮藏对6℃下冷藏黄甜竹笋呼吸速率和色差L^*值的影响

注：同一天不同小写字母表示差异显著（$P<0.05$），下同。

对照

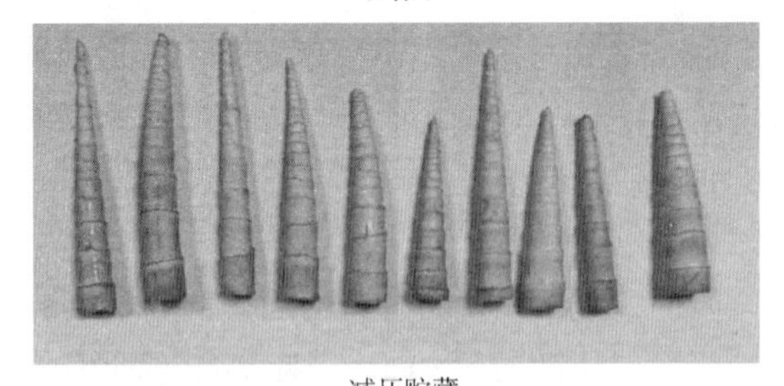

减压贮藏

图6-9 减压冷藏10 d黄甜竹笋的外观状况

3. 减压贮藏对黄甜竹笋的MDA含量和电导率的影响 MDA含量随着冷藏时间的延长也呈现上升趋势，在冷藏的0～4 d内，减压贮藏黄甜竹笋的 MDA 含量略低于对照但差异不明显，而后 6～10 d 显著低于对照（$P<0.05$）（图 6－10A）。

冷藏过程中，黄甜竹笋的电导率随着贮藏时间的延长逐渐升高，在第 2 d，减压贮藏黄甜竹笋的电导率略低于对照但差异不明显，其后的 4～10 d 内，显著低于对照（$P<0.05$）（图 6－10B）。

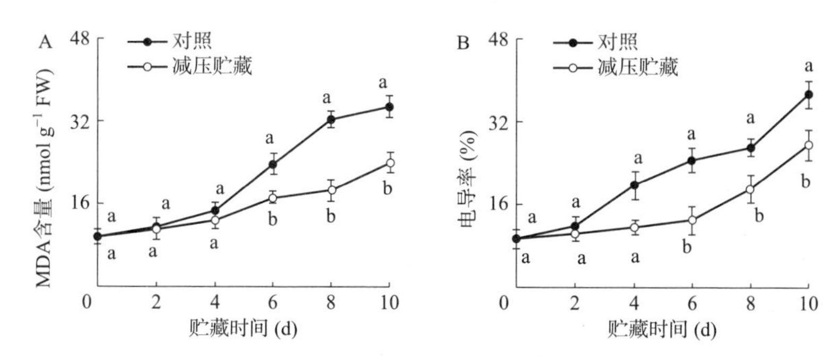

图 6－10 减压贮藏对 6 ℃下冷藏竹笋 MDA 含量和电导率的影响

4. 减压贮藏对黄甜竹笋的硬度、纤维素和木质素含量的影响 冷藏过程中，黄甜竹笋笋肉组织的硬度和木质素含量随着冷藏时间的延长呈逐渐上升趋势，在 0～4 d 内，减压贮藏抑制笋肉硬度和木质素含量上升的效果不明显，而 6～10 d，减压贮藏显著抑制了笋肉组织硬度和木质素含量的上升（$P<0.05$）（图 6－11A 和 B）；同时，减压贮藏在 6～10 d 内也显著抑制了笋肉组织中纤维素的累积（$P<0.05$）（图 6－11C）。

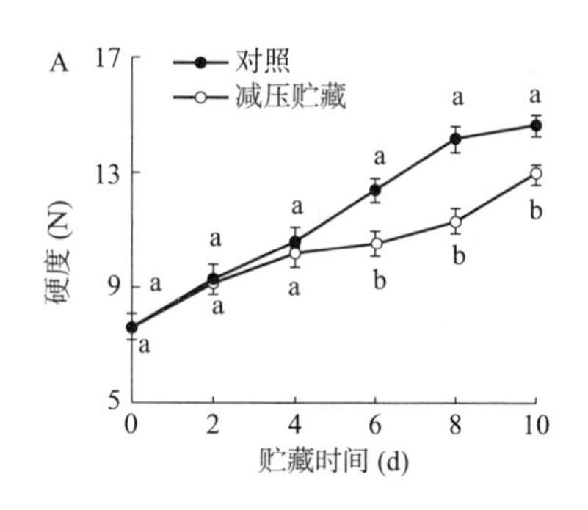

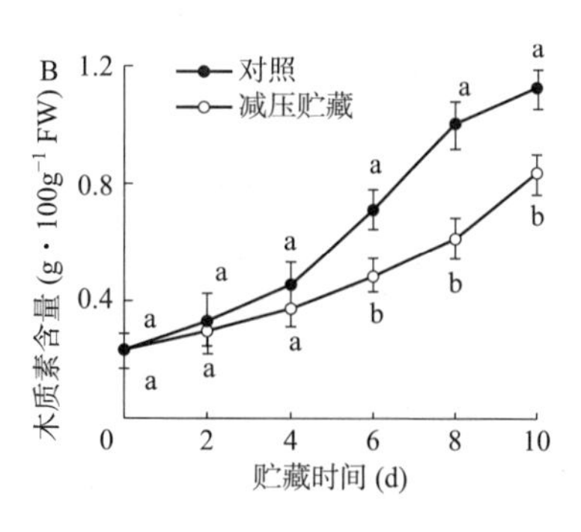

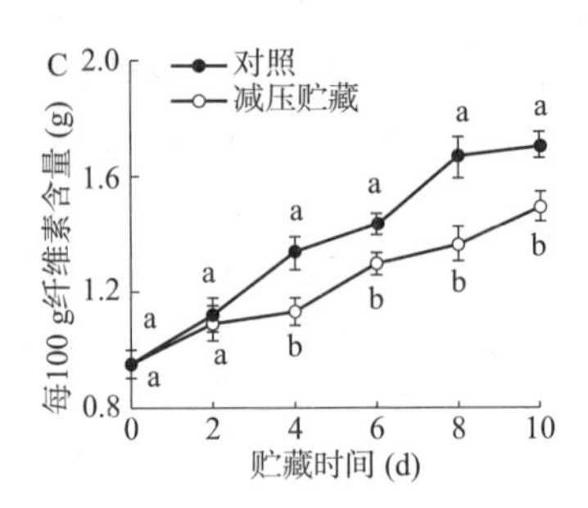

图 6－11 减压贮藏对 6 ℃下冷藏竹笋硬度、纤维素和木质素含量的影响

5. 减压贮藏对 PAL、POD、CAD、PPO 活性的影响 如图 6－12 所示，对照与减压贮藏黄甜竹笋中 PAL 和 CAD 酶活性在贮藏期内皆呈现上升趋势，减压贮藏黄甜竹笋中 PAL 和 CAD 酶活性在 4～10 d 内显著低于对照（$P<0.05$）（图 6－12A 和 C）；对照与减压贮藏黄甜竹笋中 POD 和 PPO 活性变化规律相似，减压贮藏在 2～10 d 内显著抑制了笋肉组织中 POD 和 PPO 的活性（$P<0.05$）（图 6－12B 和 D）。

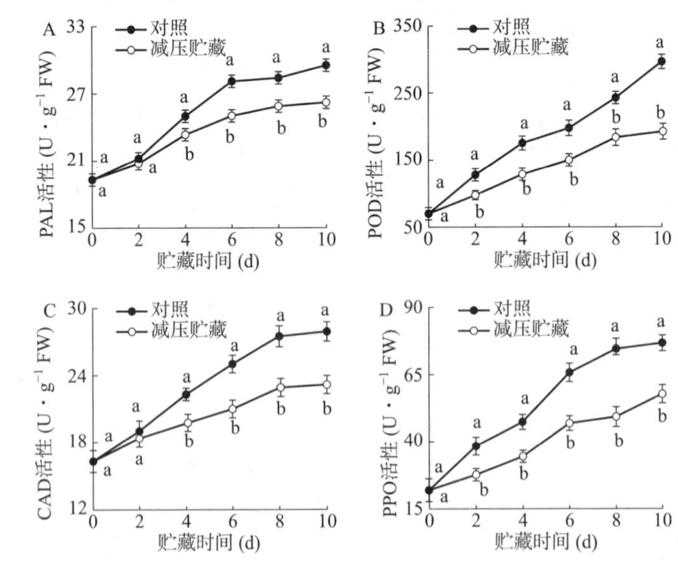

图 6－12 减压贮藏对 6 ℃下冷藏竹笋的 PAL、CAD、POD、PPO 活性的影响

6. 减压贮藏对 *PAL*1、*POD*、*CAD* 和 *PPO* 基因表达的影响

对照与减压贮藏的黄甜竹笋中 *PAL*1 和 *CAD* 基因相对表达水平在贮藏期内总体都呈现先上升而后下降的趋势且伴有一定的波动，减压贮藏的黄甜竹笋中 *PAL*1 基因相对表达水平在第 2 天和 6～8 d 显著低于对照（$P<0.05$），减压贮藏的黄甜竹笋中 *CAD* 基因相对表达水平在第 2 天、6 天、10 天显著低于对照（图 6－13A 和 C）；对照与减压贮藏的黄甜竹笋中 *POD* 基因相对表达水平在贮藏期内呈先上升而后下降再上升的波动变化趋势，减压贮藏的黄甜竹笋中 *POD* 基因相对表达水平在 6～10 d 显著低于对照（$P<0.05$）（图 6－13B）；对照与减压贮藏的黄甜竹笋中 *PPO* 基因相对表达水平在贮藏期内也呈先上升而后下降再上升的较平缓的波动变化趋势，减压贮藏的黄甜竹笋中 *PPO* 基因相对表达水平在第 2 天和 6～10 d 显著低于对照（$P<0.05$）（图 6－13D）。

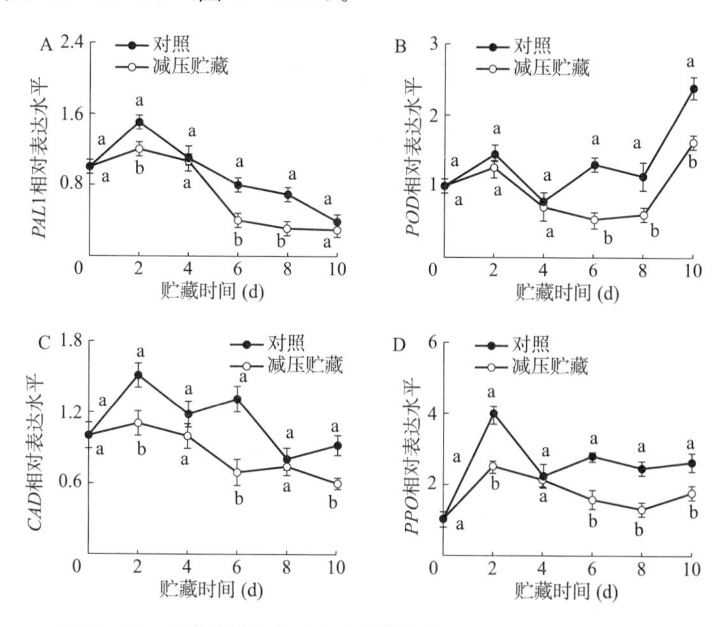

图 6－13　减压贮藏对 6 ℃下冷藏竹笋 *PAL*1、*CAD*、*POD*、*PPO* 基因表达的影响

（三）讨论

呼吸会导致水分和干物质的损失，引起果蔬采后失重失鲜等。因此，降低呼吸速率对于延缓采后黄甜竹笋的品质下降至关重要。本研究发现，55 kPa 下减压贮藏能够显著抑制去壳黄甜竹笋冷藏过程中呼吸速率的上升，这与相关学者 An 等和程曦在减压贮藏草莓和球状生菜及双孢菇上的研究结果一致，说明减压贮藏能够通过抑制黄甜竹笋的呼吸速率来保持品质。

有学者研究指出，采收期间的机械损伤等原因诱发竹笋笋肉组织中木质素合成代谢加速，促使纤维素、木质素持续快速合成和笋肉硬度快速增加，导致竹笋采后食用品质快速下降。研究表明，木质素是植物苯丙烷类代谢中一系列酶促反应的产物，其中 PAL 是该代谢途径第一个关键限速酶，CAD 是中间步骤的关键酶，而 POD 是木质素合成反应的最后一个关键酶，催化木质素单体聚合生成木质素大分子。我们之前研究发现，外源草酸处理能够通过抑制去壳高节笋中 PAL、CAD 和 POD 等酶的活性进而抑制笋肉组织硬度的上升及木质素和纤维素的累积，与 Lvo 等（2012）研究热处理竹笋组织中木质素和纤维素的累积的结果和所阐述的调控机制一致。本实验结果表明，与对照相比，55 kPa 下的减压贮藏显著抑制了去壳黄甜竹笋的笋肉组织中 PAL、CAD 和 POD 活性上升，同时也显著抑制了笋肉硬度的增加及纤维素和木质素的累积，与 Gao 等学者在减压冷藏枇杷延缓低温冷藏下经常发生的枇杷果肉木质化的结果及所揭示的机制一致。研究发现，果蔬中木质素代谢关键酶的基因表达也参与调控木质素的累积，如：*EjCAD*1、*EjPOD* 两个基因的表达与枇杷的木质化进程密切相关，氯化钙处理能够通过下调梨果肉中的 *PpCAD*1 和 *PpCAD*2 的基因表达进而抑制木质素的合成，适当辐照强度的 UV－B 处理能够下调高节笋中 *PAL*1、*POD* 和 *CAD* 的基因的相对表达量，从而抑制对应酶活性，实现对木质化进程的延缓效果，本实验中，与对照相比，减压贮藏显著下调了 *PAL*1、*POD* 和 *CAD* 基因的相对表达量。以上说明，减压贮藏很可能是通过对酶量和酶活性的双重调控协同抑制了木质素合成代谢关键酶的活性，进而抑制了去壳黄甜竹笋笋肉组织的木质化进程，从而保持了冷藏期间较好的品质。

多数学者研究发现，果蔬和鲜切果蔬贮藏期间的褐变主体是由于细胞膜受损后，有氧的条件下酚类底物在 PPO 和 POD 催化发生的酶促氧化反应，褐变严重降低了果蔬的品质和商品价值。褐变是竹笋尤其是去壳竹笋采后品质劣变的另一个重要原因。研究发现，采后一些预处理措施辅助冷藏能够有效抑制竹笋的褐变，如采后水杨酸和外源草酸处理都能够有效抑制了细胞膜的损伤并延缓 PPO 和 POD 的活性，进而有效抑制了去壳高节笋冷藏期间的褐变。本实验的结果显示，减压贮藏显著抑制了去壳黄甜竹笋中 MDA 的累积和电导率的上升，同时迟滞了 PPO 和 POD 活性上升，并有效延缓了切面 L^* 值下降，抑制了切面褐变，与 Song 等在减压贮藏水蜜桃中的研究结果相似。研究发现，果蔬中褐变关键酶的基因表达也与酶的活性一起协同调控着褐变的进程，如 UV-C 处理也能够通过下调双胞蘑菇的蘑菇柄和菌盖中 *AbPPO*（*AbPPO*2，*AbPPO*3 和 *AbPPO*4）基因的相对表达量抑制了蘑菇柄和菌盖的褐变，本实验中，与对照相比，减压贮藏在冷藏期间的大部分时间中显著下调了 *POD* 和 *PPO* 基因的相对表达量。说明本实验中减压贮藏能够有效抑制去壳黄甜竹笋冷藏期间褐变进程，延缓品质下降。

（四）结论

本实验结果表明，55 kPa 减压贮藏显著抑制了去壳黄甜竹笋冷藏期间的呼吸速率，有效维持了细胞膜的完整性并通过抑制 POD 和 PPO 活性及下调编码基因的表达量显著抑制了黄甜竹笋基部切面的褐变，通过抑制 PAL、POD 和 CAD 的活性及下调其编码基因的相对表达量显著抑制了笋肉组织中纤维素和木质素含量及硬度的上升，进而延缓了产品感官和食用品质的下降，可以作为去壳黄甜竹笋采后保鲜的一种新方法。

七、高压电场处理对鲜切黄甜竹笋冷藏下品质的影响

黄甜竹是禾本科酸竹属混生竹。在浙西南地区有广泛的种植。黄甜竹笋味道鲜甜、口感细腻，富含丰富的氨基酸、矿物元素、膳食纤维等营养素，然而由于出笋期间为4—5月，气温较高，采后极易发生褐变、木质化和腐烂变质，保鲜难度大，严重制约着产品的流通和销售，影响了产业发展。

高压电场是一种无化学和辐照残留的非热力处理技术，研究表明，经过高压电场处理能够产生臭氧，影响细胞膜的渗透性和一系列酶的活性、抑制微生物生长，从而延缓农产品品质下降和延长贮藏货架期的效果。相关研究发现，高压电场处理能够延缓鲜切西蓝花采后硬度下降和绿色褪失、延长柿子采后冷藏货架期和抑制冷藏鲶鱼片黄杆菌的生长并延缓品质下降等。先前的研究表明，高压电场能够通过其特定的调控机制有效保持农产品的加工和贮藏的品质，被认为是果蔬采后贮藏领域一种新型且有较好应用前景的保鲜方法。然而，关于高压电场处理对鲜切黄甜竹笋冷藏期间的褐变、笋肉木质化及品质影响的研究尚没有报道，鲜切笋产业是近年来快速发展的一个冷链蔬菜产业，以其加工烹饪方便及无笋壳等固体废弃物污染等优点广受城市消费者欢迎，鉴于此，本实验以鲜切黄甜竹笋为原料，研究高压电场处理延缓鲜切黄甜竹笋冷藏期间木质化、褐变进程以及延缓品质下降的效果，为探索鲜切黄甜竹笋新的保鲜方法提供一定的实验依据。

（一）材料与方法

1. 材料与仪器

（1）黄甜竹笋。5月初早6：00左右采集于浙江省丽水市农林科学研究院的黄甜竹竹林。

（2）试剂与耗材。L-苯丙氨酸、愈创木酚、4-香豆酸、CoA、二硫苏糖醇（dithiothreitol，DTT）、聚乙烯吡咯烷酮、PEG6000、邻苯二酚，均为分析纯：国药集团化学试剂有限公司；松柏醇、烟酰胺腺嘌呤二核苷酸磷酸（nicotinamide adenine dinucleotide phosphate，

$NADP^{+}$）：sigma公司；0.05mm厚度聚乙烯薄膜袋：妙洁公司。

（3）仪器。DC（SC-PME）电场发生器：台湾COSMI公司；3-30K冷冻离心机：Sigma公司；TYI-3016F便携式红外二氧化碳分析仪：上海唐仪电子科技有限公司；UV2450岛津紫外可见分光光度计：日本岛津公司；MIR-554恒温恒湿箱：Sanyo公司；TA-XT2i质构仪：Stable Micro Systems Ltd.，UK；CHROMA METER CR-400色差仪：柯尼卡公司。

2. 方法

（1）黄甜竹笋的预处理及贮藏。黄甜竹笋采收后，就地挑选外观完好、无病虫害且笋体直径和长度接近的笋，放置于泡沫箱中3 h内运至实验室。鲜切用的器具预先用150 μL/L的次氯酸钠浸泡消毒5 min，晾干备用。将黄甜竹笋样品切除基部3～4 cm不可食用部分，小心剥除笋壳，用150 μL/L的次氯酸钠浸泡消毒5 min，自来水冲洗，阴凉通风处晾干10 min，切段后经高压电场（高压电场实验设备结构原理如图6-14所示）（600 kV/m）处理120 min（该参数为前期预实验获得的最佳处理），对照无电场处理。置于消毒过且沥干的白色沥水筐内，外套0.05 mm厚的聚乙烯薄膜袋，敞口，置于（6±1）℃、相对湿度80%～85%的恒温恒湿箱（Sanyo，MIR-554）中贮藏10 d。

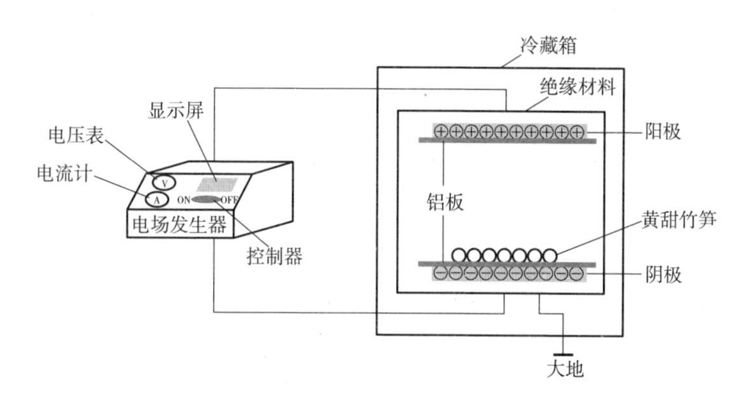

图6-14　高压电场设备结构原理

每 2 d 随机取样品，检测切面的色差、测定呼吸速率、失重率，同时取自笋体基部切口位置往上 2～4 cm 的一段用于检测笋肉硬度、木质素和纤维素含量、PAL、POD、CAD、PPO、SOD、CAT 酶活性和 H_2O_2 含量。实验重复 3 次，每个处理每次取样 24 段笋。

（2）指标测定方法。

①色差的测定。采用色差仪测定黄甜竹笋切面的 L^* 值，三次重复，取平均值。

②呼吸速率的测定。取 6 个密封良好且洁净的干燥器，分别在相应的贮藏温度下，先用便携式红外线 CO_2 分析器检测干燥器中 CO_2 浓度，然后将对照和高压电场处理的鲜切黄甜竹笋放入干燥器中，密封后放置 2 h，再检测干燥器中 CO_2 浓度，根据前后 CO_2 浓度变化、干燥器的容积与笋的体积及笋的质量计算呼吸速率。

③失重率的测定。用差量法计算，公式如下：

$$失重率=\frac{入贮前笋的质量-入贮后笋的质量}{入贮前笋的质量}\times 100\%,$$

三次重复，取平均值。

④硬度的测定。从黄甜竹笋取样部位切下 0.6～0.8 cm 厚的笋肉，用质构仪 P/2 平头柱形探头检测笋肉的硬度，探头测试深度为 4 mm，贯入速度为 0.5 mm/s，单位为 N，三次重复，取均值。

⑤纤维素和木质素的测定。参照 Luo 等的方法，结果以占笋肉鲜重质量百分比计。

⑥PAL、CAD、POD、PPO 活性的测定。PAL、POD、PPO 活性测定参照曹建康等的方法，CAD 活性测定参照 Luo 等报道的方法。

⑦SOD、CAT 活性的测定。SOD、CAT 活性测定参照曹建康等报道的方法。

⑧H_2O_2 含量的测定。H_2O_2 含量的测定参照 Mukherjec 等的方法。

3. 数据分析 SPSS16.0 用 one－way ANOVA 方法对数据进

行显著性检验分析，用 Duncan 进行多重比较分析（$P<0.05$），用 Excel 作图。

（二）结果与分析

1. 高压电场处理对黄甜竹笋的呼吸速率和 L^* 值的影响 冷藏过程中，黄甜竹笋呼吸速率总体呈现随时间的延长逐渐升高趋势，在第 2 天，高压电场处理黄甜竹笋的呼吸速率略低于对照但差异不显著，其后的 4～10 d 内，明显低于对照（$P<0.05$）（图 6－15A）。

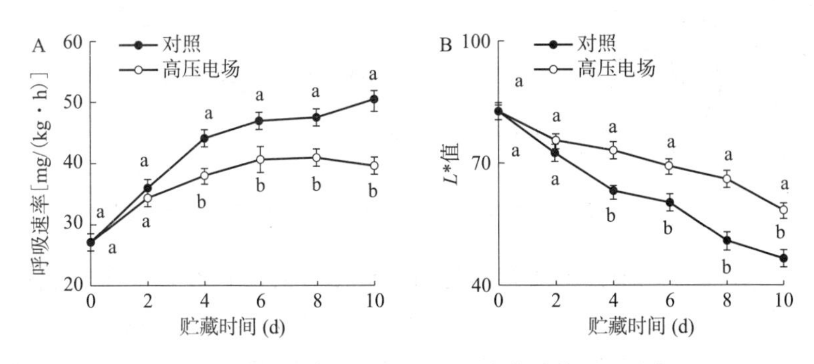

图 6－15 高压电场处理对 6 ℃下冷藏竹笋呼吸速率和色差 L^* 值的影响

注：不同小写字母表示对照组和处理组差异显著（$P<0.05$）。

随着冷藏时间的延长，黄甜竹笋切面 L^* 值逐渐降低，在冷藏的第 2 天，高压电场处理的黄甜竹笋的 L^* 值略高于对照，而其后的 4～10 d 内，高压电场处理黄甜竹笋的 L^* 值显著高于对照（$P<0.05$）（图 6－15B）。

同时，冷藏到第 10 天，对照黄甜竹笋的切面和笋体自基部向上发生较明显褐变，笋肉和外表面呈现明显的棕褐色且有明显酸腐味；而高压电场处理黄甜竹笋的笋体颜色大部分仍呈现淡黄色，切面颜色为淡棕黄色、轻微褐变、笋体比较饱满且仍然有黄甜竹笋特有的鲜甜味，可食用率（86.6%）比对照（56.2%）高 30%以上（图 6－16）。

高压电场

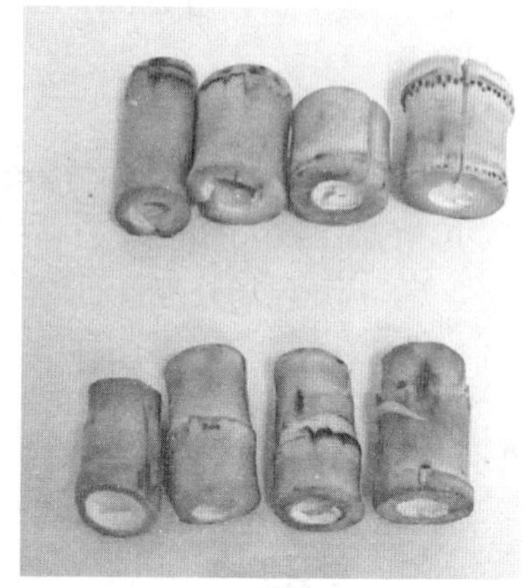

对照

图 6-16　高压电场处理后冷藏 10 d 黄甜竹笋的外观状况

2. 高压电场处理对黄甜竹笋的硬度、纤维素和木质素含量的影响　冷藏过程中，黄甜竹笋笋肉组织的硬度随着冷藏时间的延长呈现逐渐上升趋势，0～2 d，高压电场处理抑制笋肉硬度上升的效果不明显，而 4～10 d，高压电场处理显著抑制了笋肉组织硬度上升（$P<0.05$）（图 6-17A）；同时，高压电场处理在 4～10 d 内也显著抑制了笋肉组织中木质素和纤维素的累积（$P<0.05$）（图 6-17B 和 C）。

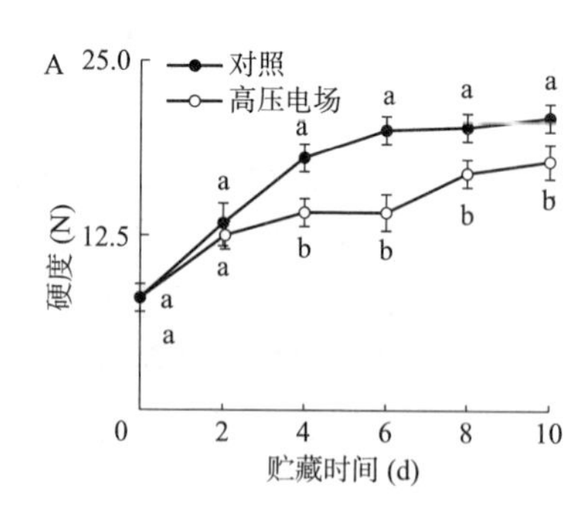

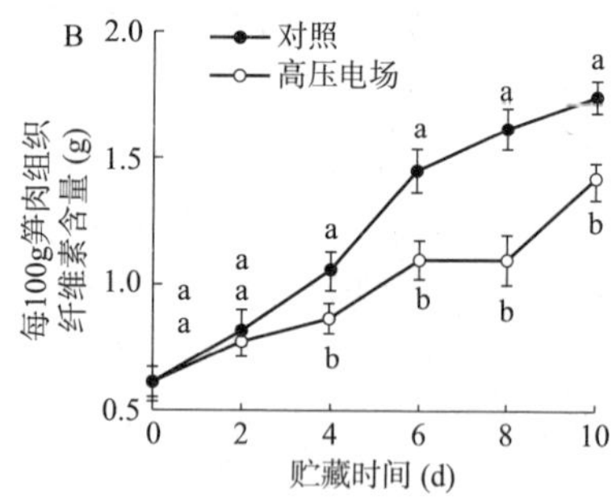

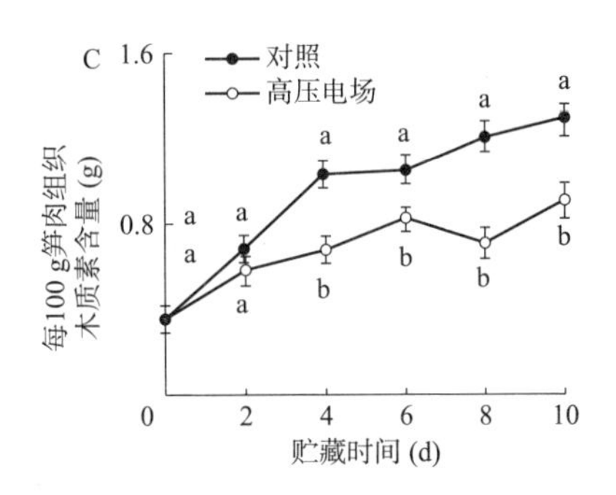

图 6-17　高压电场处理对 6 ℃下冷藏竹笋硬度、纤维素和木质素含量的影响

注：不同小写字母表示对照组和处理组在 $P<0.05$ 水平上差异显著。

3. 高压电场处理对 PAL、CAD、POD、PPO 活性的影响　如图 6-18 所示，对照与高压电场处理的黄甜竹笋中 PAL 活性在贮藏期内呈现上升趋势，高压电场处理的黄甜竹笋中 PAL 活性在第 4 天和 8～10 d 内显著低于对照（$P<0.05$）（图 6-18A）；对照与高压电场处理的黄甜竹笋中 CAD 活性变化规律相似，高压电场处理的黄甜竹笋中 CAD 活性在 4～6 d 和第 10 天显著低于对照（$P<0.05$）（图 6-18B）；同时，高压电场处理在 4～10 d 内也显著抑制了笋肉组织中 POD 和 PPO 的活性（$P<0.05$）（图 6-18C 和 D）。

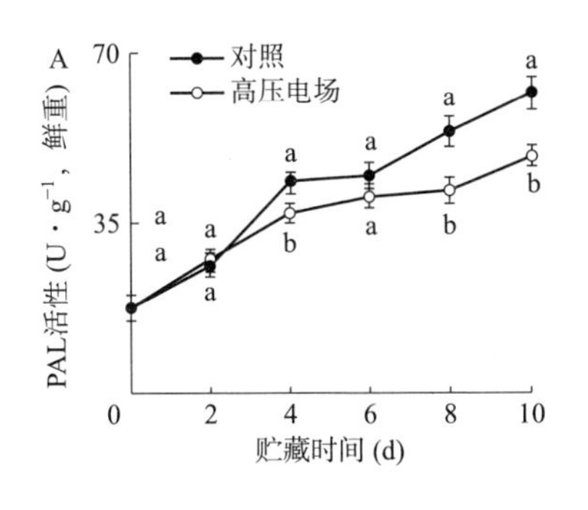

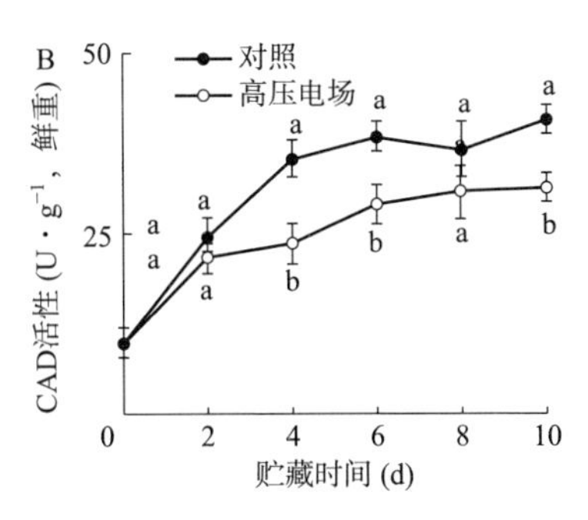

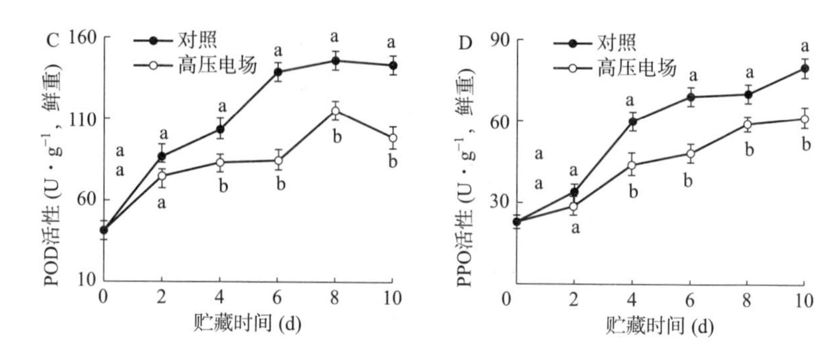

图 6－18　高压电场处理对 6 ℃下冷藏竹笋的 PAL、CAD、POD、PPO 活性的影响

注：不同小写字母表示对照组和处理组在 $P<0.05$ 水平上差异显著。

4. 高压电场处理对黄甜竹笋的 SOD、CAT 活性和 H_2O_2 含量的影响　对照与高压电场处理的黄甜竹笋中 SOD 和 CAT 活性在贮藏期内都呈现先上升而后下降的趋势，高压电场处理的黄甜竹笋中 SOD 和 CAT 活性在 4～10 d 显著高于对照（$P<0.05$）（图 6－19A 和 B）；对照与高压电场处理的黄甜竹笋中 H_2O_2 含量在贮藏期内总体呈现逐渐上升的趋势并伴有波动，而高压电场处理使得黄甜竹笋中 H_2O_2 含量在 4～10 d 显著低于对照（$P<0.05$）（图 6－19C）。

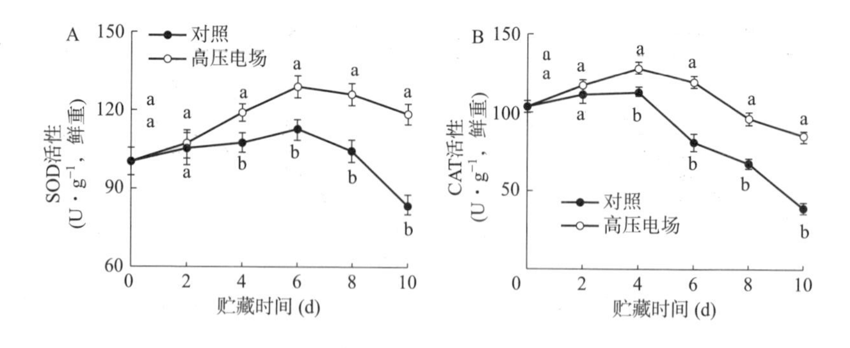

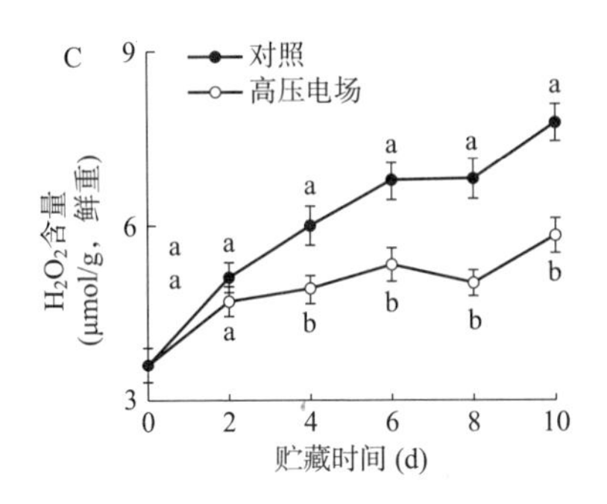

图 6-19　高压电场处理对 6 ℃下冷藏竹笋 SOD、CAT 活性和 H_2O_2 含量的影响

注：不同小写字母表示对照组和处理组差异显著（$P<0.05$）。

（三）讨论

相关学者研究发现，由于采收期间的机械损伤等原因诱发采后竹笋组织中纤维素和木质素持续快速合成，进而导致笋肉组织快速木质化，是引起食用品质下降的一个主要原因。Luo、林銮等研究发现，木质素反应是经由植物苯丙烷类代谢经过一系列酶促反应合成，PAL 是该代谢途径第一个关键限速酶，CAD 是中间步骤的关键酶，而 POD 是最后一个关键酶，催化木质素单体聚合而成木质素大分子，期间需要 H_2O_2 的参与。多数研究认为，PAL、CAD、POD 三个酶活性增加能加速竹笋组织中木质素累积；另有学者研究指出，PPO 也能够通过催化酚类物质的氧化而参与木质素的合成代谢。

本实验结果显示，冷藏期间，高压电场处理显著抑制了黄甜竹笋的笋肉组织中 PAL、CAD、PPO 和 POD 活性上升，同时也显著抑制了笋肉硬度增加及纤维素和木质素的累积，这与相关学者对竹笋采后木质化进程抑制机制的研究结果是一致的。说明高压电场处理能够通过降低木质素合成代谢关键酶的活性进而迟滞木质化过程，延缓品质劣变。

采后的竹笋，在贮藏过程中一直进行着呼吸，呼吸会导致水分和干物质的损失，引起失重失鲜等。因此，降低呼吸速率对于维持采后黄甜竹笋的品质和延长贮藏期是至关重要的。本研究发现，高压电场处理能够显著抑制鲜切黄甜竹笋冷藏过程中呼吸速率的上升，这与 Liu 等学者研究的高压电场处理能降低柿子采后呼吸速率、Atungulu 研究的高压电场处理能够抑制苹果贮藏过程中呼吸速率一致，说明高压电场处理能够抑制冷藏黄甜竹笋呼吸，从而延缓营养成分的消耗和品质下降。

竹笋冷藏过程中易发生褐变，这是导致品质劣变的另一个重要因素，Degl'Innocenti 等和 Peiser 等研究指出，采后果蔬的褐变是以 PPO、POD 为代谢关键酶的一系列生物化学反应过程。Luo 等研究发现水杨酸处理能够通过抑制 POD 和 PPO 活性的上升进而抑制采后雷竹笋的褐变，沈玫等通过研究提出外源草酸的处理降低了 PPO 和 POD 的活性，进而抑制了带壳绿竹笋切面的褐变；本实验的结果显示，高压电场处理也能够有效抑制鲜切黄甜竹笋中 PPO 和 POD 活性上升，并延缓褐变的发生，说明高压电场也能够通过抑制褐变关键酶活性达到延缓褐变的效果。

顾青等学者研究指出，活性氧（ROS）参与了竹笋采后木质素代谢，并能够加速木质化进程；Lacan 等研究指出 SOD 和 CAT 是植物组织中两个重要的抗氧化酶，负责清除 ROS，SOD 把超氧阴离子（O_2^-·）转化为 H_2O_2，而后 CAT 将 H_2O_2分解。陈龑研究发现 SOD 和 CAT 能够通过降低组织中 ROS 水平进而延缓竹笋的木质化进程。本实验的结果表明，高压电场处理显著提高了鲜切黄甜竹笋中 SOD 和 CAT 的活性，同时显著抑制了 H_2O_2的累积，该实验结果与 Kao 等研究高压电场处理鲜切西蓝花和 Zhao 等研究高压电场处理绿熟番茄皆能够提高系统抗氧化酶活性进而抑制 H_2O_2累积的结果基本一致。因此，本实验的结果说明，高压电场处理能够通过提高抗氧化酶活性增强对 ROS 的清除能力，从而减轻了冷藏期间黄甜竹笋组织的氧化伤害并延缓了褐变和木质化进程。

（四）结论

本实验结果显示，高压静电场处理能够有效抑制鲜切黄甜竹笋冷藏期间木质纤维化进程，延缓褐变，进而延缓食用品质下降，可以作为鲜切黄甜竹笋采后贮藏保鲜的一种新方法，高压静电场处理作为一种物理处理方法，无化学和辐照残留，无加热效应，设备简单，可以作为冷藏的有效辅助方法。根据国内外现行鲜切蔬菜冷链流通和销售的时限为不超过 7 d，结合本实验的结果，可以预测在本实验的保鲜工艺方法下，鲜切黄甜竹笋作为净菜的冷链流通销售安全货架期可以达到 6 d，可食用率至少为 90%。为了进一步明确高压静电场抑制竹笋尤其是鲜切竹笋采后褐变和木质化进程的深层作用机制，高压静电场处理对褐变和木质素代谢关键酶的分子调控机制尚需进一步研究。

八、褪黑素延缓去壳黄甜竹笋木质化和褐变作用

褪黑素（Melatonin，N-乙酰基-5-甲氧基色胺，MT）是一种色氨酸衍生物，不仅存在于哺乳动物和人类体内，也广泛存在于植物组织中。相关研究指出，褪黑素是一种新的植物生长激素，与植物生长发育、成熟衰老以及胁迫应答和抗病等过程密切相关。樱桃采前喷洒外源褪黑素能够提高其内源褪黑素含量，进而诱导细胞分裂素合成和抑制果实成熟。采后相关研究发现，外源褪黑素处理能够有效地延缓贮藏期间果实品质的下降、保持细胞膜完整性和延缓褐变。有学者研究发现，褪黑素处理能够抑制车厘子、猕猴桃等果实采后冷藏期间品质劣变，主要体现在延缓果实硬度下降和失重，通过提高抗氧化酶活性进而抑制活性氧累积，同时抑制细胞膜通透性增加，进而延缓了褐变和果肉色泽明亮度下降；褪黑素处理也能够显著地减轻 25℃下贮藏的荔枝果实褐变，其主要机制在于褪黑素处理通过调控细胞膜脂质代谢和能量代谢，抑制了细胞膜渗透性的增加，延迟了细胞的衰亡和褐变进程。近年来研究发现，采后外源褪黑素处理对于抑制果蔬采后木质化也有明显的效果。采用 50 μmol/L 褪黑素通过抑制 PAL、4CL、CAD 和 POD 酶活性，进而有效地延缓了冷藏期间枇杷的木质化进程；在高节笋上，褪黑素

可能通过降低木质素合成相关酶活性以及提高抗氧化能力，进而延缓了高节笋贮藏过程中木质化进程；类似的结果在茭白采后木质化进程中也得到证实。在延缓采后果蔬褐变方面，有研究发现，外源MT处理显著延缓了草莓褐变，提高了*FaTDC*、*FaT5H*等MT合成基因的表达，进而诱导草莓果实累积MT。贾乐等和代惠芹等研究发现，外源褪黑素处理显著提高了香菇和双孢蘑菇组织的抗氧化能力和抑制褐变相关酶活性，从而有效延缓了组织褐变。

去壳竹笋能够为竹笋相关预制菜的加工提供洁净的原料，也是竹笋类净菜加工的主体原料。然而，关于褪黑素对去壳冷藏黄甜竹笋组织褐变和木质化的影响研究尚未见报道。因此，本研究拟重点研究外源褪黑素处理对去壳黄甜竹笋冷藏期间木质化和褐变的影响及对有关酶的研究，以探索去壳竹笋新型保鲜方法。

（一）材料与方法

1. 材料与仪器 黄甜竹笋，于5月初早上6：00采集于浙江省丽水市遂昌县实验基地，现场采挖同一竹林、笋体直径和长度基本相同、外观完好、无病虫害的黄甜竹笋，于1.5 h内运回实验室；L-苯丙氨酸、愈创木酚、4-香豆酸、辅酶A（coenzyme A）、三氯乙酸（trichloroacetic acid，TCA）、硫代巴比妥酸（thiobarbituric acid，TBA）、氮蓝四唑（nitro-blue tetrazolium，NBT）、核黄素、邻苯二酚、聚乙二醇6000、β-巯基乙醇、四氯化钛、浓硫酸、丙酮、曲拉通X-100、次氯酸钠、吐温-80等，均为分析纯，来自国药集团化学试剂有限公司；褪黑素、松柏醇，来自美国Sigma公司；PureLink© plant RNA Extraction Kit、PrimeScript™ Ⅱ 1st Strand cDNA Synthesis Kit、SYBR© Premix Ex Taq™（Tli Rnase Plus），来自日本TaKaRa Bio Inc公司。

Micro 17R型高速冷冻离心机（美国Thermo Fisher公司）；T6型紫外可见分光光度计（北京普析通用仪器有限责任公司）；TPAV-120恒温恒湿箱（日本ISUZU公司）；TA. XT PlusC质构仪（英国SMS公司）；柯尼卡CR-10Plus色差仪（日本柯尼卡公司）；iQTM5多重实时荧光定量PCR仪（美国Bio-Rad公司）。

2. 实验方法

（1）材料处理。切除基部 3 cm 竹笋组织，小心剥除笋壳，用 150 μL/L 次氯酸钠溶液浸泡 5 min 杀菌后，用自来水冲洗 3～4 遍。选取 324 根去壳笋，将其分成 2 组，分别浸入 0.2 mmol/L 褪黑素溶液和清水（溶液中均含 0.05％的吐温－80 和 3 mL 无水乙醇）中室温下浸泡 30 min。然后，捞出于阴凉处自然晾干，分别放入洁净塑料筐中，外罩 0.05 mm 厚保鲜袋，不封口，于（6±1)℃，相对湿度 75％～80％下贮藏 15 d。其间每 3 d 取样，测定基部切面的色差，笋体基部切口往上 2～4 cm 的组织用于检测相关指标，每个实验 3 次重复。

（2）测定指标与方法。

①色泽。用色差仪测定笋基部切面 L^* 值。每 3 d 随机取 9 根黄甜竹笋，测定笋基部切面 L^* 值，其中每株在切面测定 3 个点，取平均值。

②电导率、丙二醛（MDA)、超氧阴离子（O_2^- ·）生成速率和过氧化氢（H_2O_2）含量。均参照曹建康等的方法。

③硬度。取 1.0～1.4 cm 厚的笋肉，用质构仪 P/2 探头进行穿刺实验，测试深度为 4 mm，穿刺速度为 0.5 mm/s，感应力为 5 g，单位为 N。

④纤维素和木质素含量。参照 Zeng 等的方法。

⑤ PAL、CAD、POD、PPO 活性。参照曹建康等的方法，CAD 活性测定参照 Zeng 等的方法。

⑥SOD、CAT 活性。参照 Li 等的方法。

⑦木质素代谢和褐变相关酶基因表达。参照 Zheng 等和戴丹等的方法并稍作修改。逆转录实验采用 SuperScript™ Ⅱ 1st Strand cDNA Synthesis Kit 进行逆转录试验；Real-time PCR 检测：用多重实时荧光定量 PCR 仪进行扩增，引物及条件如表 6－15，扩增总体系为 25 μL，反应体系共 25 μL，包括：ddH_2O 10.5 μL，SYBR Premix Ex Taq™（2×）12.5 μL，PCR-F（10 μmol/L）0.5 μL，PCR-R（10 μmol/L）0.5 μL，模板 cDNA1.0 μL。反应

条件：95 ℃预变性 1 min；50 个循环（95 ℃变性 10 s；60 ℃退火 25 s，收集荧光）；在 55～95 ℃条件下分析熔解曲线。

表 6-15　定量 PCR 引物序列及反应条件

物种名称	基因名称	基因序列号	引物序列	扩增长度（bp）	溶解温度（℃）
Phyllostachys edulis（毛竹）	*Actin*	FJ601918.1	F：TGCCCTTGATTATGAGCAGG R：AACCTTTCTGCTCCGATGGT	108	60
Phyllostachys edulis（毛竹）	*cinnamyl alcohol dehydrogenase*（*CAD*）	EF549577.1	F：GGTCACCGTGATCAGCTCGT R：TTACCTTCATTTGCTCGGCG	104	60
Phyllostachys edulis（毛竹）	*polyphenol oxidase*（*PPO*）	PH01000032G1250	F：ATAGCGCTGATGAAGGCGAT R：TGGATCTGCACGTTCAGCTC	132	60
Phyllostachys edulis（毛竹）	*Peroxidase*（*POD*）	FP092331.1	F：GGCATGATCCACCAGCTCAC R：TTCCTCCTGATCTCCCCCTG	116	60
Phyllostachys prominens（高节竹）	*phenylalanine ammonia-lyase*（*PAL1*）	AY450643.2	F：CTCCGTGTTTGCCAAGGTTG R：GAGCGGCCCTCAGTGATTCT	132	60
Phyllostachys edulis（毛竹）	*superoxide dismutase*（*SOD*）	PH01002962G0030	F：GCCACCTACGTCGCCAACTA R：GAACTTGATGGCGCTCTGGA	104	60
Bambusa emeiensis（慈竹）	*catalase*（*CAT*）	PH01000019G1840	F：CATGCATGCGTTTGGATTTG R：CAGAATAGCCGCTTTGAGCG	102	60

3. 数据处理 实验采用随机设计法设计 3 组生物学重复实验。数值表示为（平均值±标准差）（$n=3$），统计学差异分析采用 SPSS 软件进行 Duncan’s multiple range test 检测，当 $P<0.05$ 时，认为处理组之间存在显著差异。

（二）结果与分析

1. 褪黑素处理对黄甜竹笋的硬度和基部切面褐变的影响

（1）褪黑素处理对黄甜竹笋的硬度的影响。冷藏过程中，黄甜竹笋笋肉组织的硬度随着冷藏时间的延长呈逐渐上升趋势，MT 处理在 9～15 d 内显著减缓了笋肉硬度的上升，相较于对照组，褪黑素处理的笋肉组织硬度下降幅度为 20%～41%；在冷藏第 15 天时，褪黑素处理的去壳黄甜竹笋硬度较第 0 天增加了 2 倍，对照组的硬度较第 0 天增加了 2.83 倍（图 6－20）。

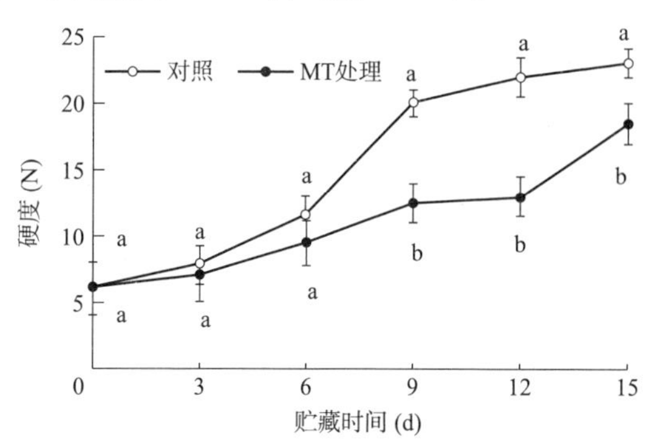

图 6－20　褪黑素处理对 6 ℃下冷藏黄甜竹笋硬度的影响

注：同一天不同小写字母表示差异显著（$P<0.05$），下同。

（2）褪黑素处理对黄甜竹笋基部切面褐变的影响。由图 6－21 可见，冷藏 15 d 后，对照去壳黄甜竹笋的笋体和基部切面褐变明显，而褪黑素处理的笋体和基部切面只是颜色较刚去壳时变暗一些，基本呈现均匀棕黄色，具有较好的外观品质。同时，冷藏过程中，黄甜竹笋的 L^* 值呈逐渐下降趋势，且褪黑素处理的黄甜竹笋 L^* 值在 9～15 d 高于对照且差异显著，增幅为 24%～33%；褪黑素处理的去壳黄甜竹笋基部切面色差 L^* 较 0 d 降低了 22%，对照

L^* 较 0 d 降低了 41%（图 6－22）。

综上所述，褪黑素处理能够抑制去壳黄甜竹笋笋肉组织硬度增加和基部切面 L^* 下降。

图 6－21 褪黑素处理的黄甜竹笋冷藏 15 d 后外观

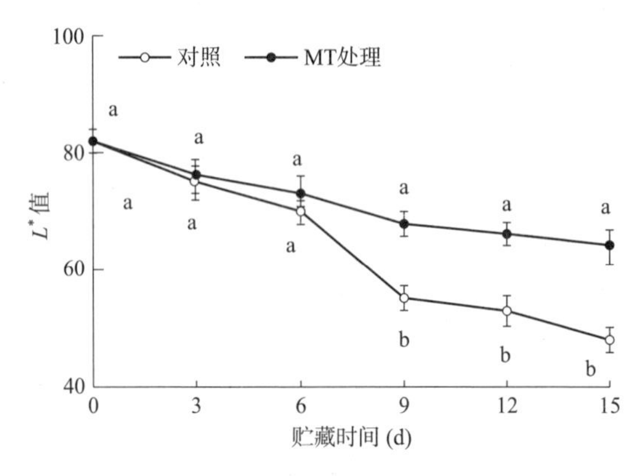

图 6－22 褪黑素处理对 6 ℃下冷藏黄甜竹笋 L^* 值的影响

2. 褪黑素处理对去壳黄甜竹笋的木质化影响

（1）褪黑素处理对木质素和纤维素含量影响。冷藏过程中，黄甜竹笋笋肉组织的木质素、纤维素含量随着冷藏时间的延长呈逐渐上升趋势，褪黑素处理在 12～15 d 内显著抑制了木质素含量的累积，相较于对照，褪黑素处理的黄甜竹笋中木质素含量的降低幅度为 30%～54%；在第 6 天、第 12 天显著抑制了纤维素含量的累积，相较于对照，褪黑素处理的黄甜竹笋中纤维素含量的降低幅度分别为 17%和 15%。在冷藏第 15 天时，褪黑素处理的去壳黄甜竹笋木质素和纤维素较第0天分别增加了2.22倍和0.93倍，对照组的对应指标较第0天分别增加了3.63倍和1.01倍。说明褪黑素处理能够有效抑制去壳黄甜竹笋中木质素和纤维素的累积（图6-23）。

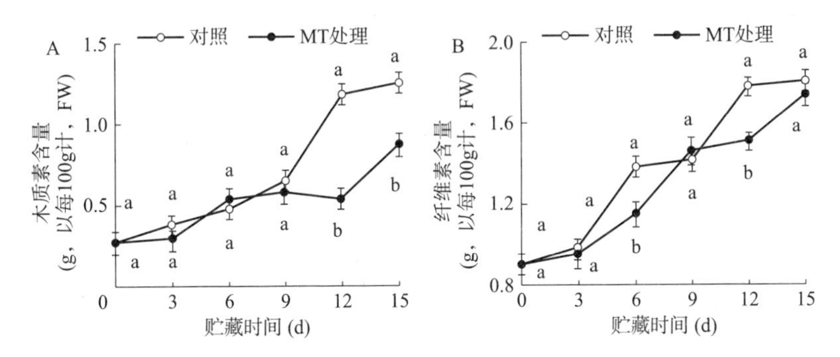

图6-23 褪黑素处理对6℃下冷藏黄甜竹笋木质素含量和纤维素含量的影响

（2）褪黑素处理对PAL、POD和CAD活性及基因表达的影响。如图6-24所示，对照与褪黑素处理黄甜竹笋中PAL和POD活性在贮藏期内均总体呈现上升趋势，且伴有明显波动，褪黑素处理黄甜竹笋中PAL和POD活性分别在6～15 d、6 d和12～15 d内显著低于对照，降低的幅度分别为14%～25%、31%和17%～35%（图6-24 A和C）；对照黄甜竹笋中CAD活性呈先上升后下降再上升的波动变化，而褪黑素处理黄甜竹笋中CAD活性呈平缓上升，且在第3～9天和第15天低于对照且差异显著，降低的幅度分别为21%～47%和36%（图6-24 E）。

在冷藏期间，对照中*PAL*1基因相对表达水平先上升而后下降再上升，褪黑素处理黄甜竹笋中*PAL*1先下降后上升再下降而后平缓上升，褪黑素处理黄甜竹笋中*PAL*1基因相对表达水平在第3～9天、第15天显著低于对照，分别降低了34%～54%和63%（图6-24 B）；对照和褪黑素处理黄甜竹笋中*POD*基因相对表达水平均先上升后下降，褪黑素处理在6～12 d显著下调了黄甜竹笋中*POD*基因相对表达水平，相较于对照，下调幅度为39%～53%（图6-24D）；对照中*CAD*基因相对表达水平总体先上升后下降，而褪黑素处理黄甜竹笋中 *CAD* 基因相对表达水平总体呈先下降后上升再下降的趋势，褪黑素处理的黄甜竹笋中 *CAD* 基因相对表达水平在 3～12 d 显著低于对照，降低的幅度为 24%～56%（图 6－24 F）。以上结果说明褪黑素处理有助于抑制木质素代谢关键酶活性，并下调对应基因表达水平，进而抑制木质化进程。

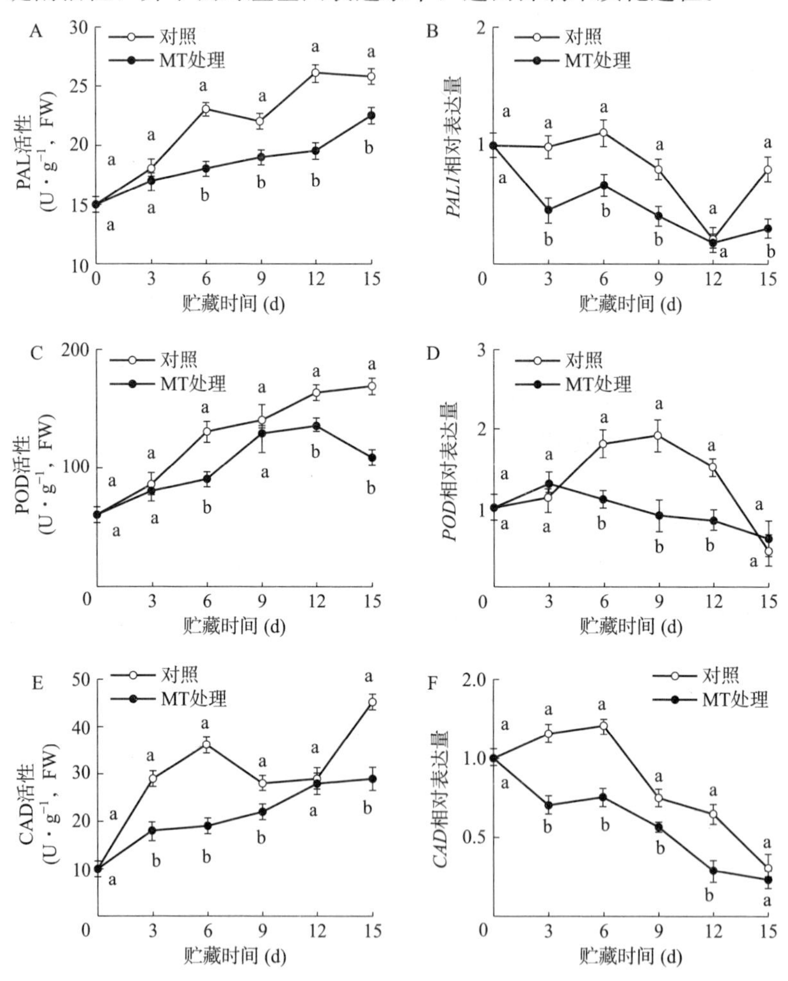

图 6－24　褪黑素处理对 6 ℃下冷藏黄甜竹笋的 PAL、POD、CAD 活性和基因表达的影响

3. 褪黑素处理对去壳黄甜竹笋褐变影响

（1）褪黑素处理对 MDA 含量和电导率的影响。MDA 含量随着冷藏时间的延长也呈现上升趋势，在贮藏的前 6 d 内，褪黑素处理的黄甜竹笋的 MDA 含量与对照差异不明显，而后 9～15 d 显著低于对照，降低幅度为 33%～47%（图 6－25 A）。冷藏过程中，黄甜竹笋的电导率随着贮藏时间的延长逐渐升高，在冷藏的 0～6 d，褪黑素处理黄甜竹笋的电导率与对照差异不明显，其后的 9～15 d，显著低于对照，降低幅度为 25%～46%（图 6－25 B）。在冷藏第 15 天时，褪黑素处理的去壳黄甜竹笋 MDA 含量和相对电导率较第 0 天分别增加了 2.33 倍和 1.89 倍，对照对应指标较第 0 天分别增加了 5.33 倍和 4.33 倍。说明，褪黑素处理能够有效抑制去壳黄甜竹笋 MDA 累积和相对电导率上升。

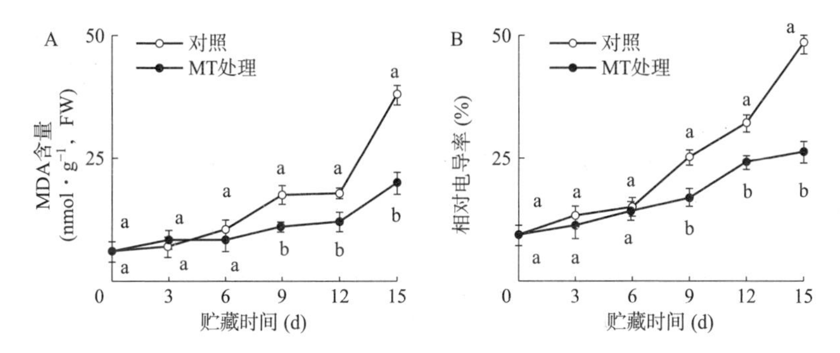

图 6－25　褪黑素处理对 6 ℃下冷藏黄甜竹笋 MDA 含量、电导率的影响

（2）褪黑素处理对活性氧生成及其清除酶系的影响。

①褪黑素处理对 H_2O_2 含量和 O_2^- · 生成速率的影响。H_2O_2 含量随着冷藏时间的延长总体呈先上升后下降的波动变化趋势，在冷藏的 6～9 d 和第 15 天，褪黑素处理黄甜竹笋的 H_2O_2 含量显著低于对照，降低幅度分别为 29%～33%和 41%（图 6－26A）。冷藏期间，对照中 O_2^- · 的生成速率呈先上升后下降再上升的趋势，褪黑素处理黄甜竹笋中 O_2^- · 的生成速率呈缓慢上升而后下降的趋势，在冷藏的 3～6 d 和 12～15 d，褪黑素处理黄甜竹笋的 O_2^- · 生

成速率显著低于对照，降低的幅度分别为 25%～29%和 12%～29%（图 6－26 B）。在冷藏第 15 天时，褪黑素处理的去壳黄甜竹笋 H_2O_2 含量较第 0 天减少了 11%，O_2^- ·生成速率较贮藏初期增加了 53%，而未经褪黑素处理的二者则分别增加了 51%和 116%。说明褪黑素处理能够有效抑制去壳黄甜竹笋 H_2O_2 累积和 O_2^- ·生成速率上升，从而能有效地降低去壳黄甜竹笋贮藏期间细胞的活性氧胁迫。

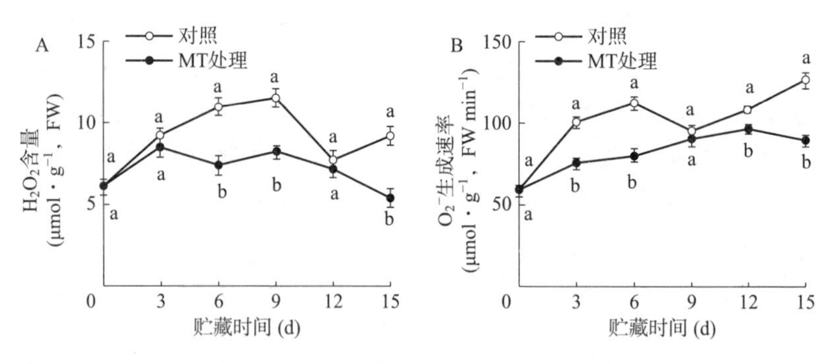

图 6－26　褪黑素处理对 6 ℃下冷藏竹笋 H_2O_2 含量和 O_2^- ·生成速率的影响

②褪黑素处理对 SOD 和 CAT 活性和基因表达的影响。对照与褪黑素处理黄甜竹笋中 SOD 活性在贮藏期内总体呈现上升趋势且伴有轻微波动，CAT 活性在贮藏期内总体呈现先上升后下降趋势且伴有波动，褪黑素处理黄甜竹笋中 SOD 和 CAT 活性分别在 9～15 d 和 6～15 d 内显著高于对照，增幅分别为 33%～54%和 28%～70%（图 6－27A 和 C）。冷藏期间，对照中 *SOD* 基因相对表达水平呈先上升后下降再上升的趋势，褪黑素处理的黄甜竹笋中 *SOD* 基因相对表达水平总体呈先上升后下降的趋势；对照与褪黑素处理的黄甜竹笋中 *CAT* 基因相对表达水平总体呈先上升而后下降再上升的趋势且伴有较大波动，褪黑素处理在 9～15 d 显著提高了黄甜竹笋中 *SOD* 基因相对表达水平，相较于对照，增幅为 33%～153%（图 6－27 B），在第 6 天和 12～15 d 显著提高了黄甜竹笋中 *CAT* 基因相对表达水平，相较于对照，增幅分别为 92%和 63%～

380%（图 6－27 D）。

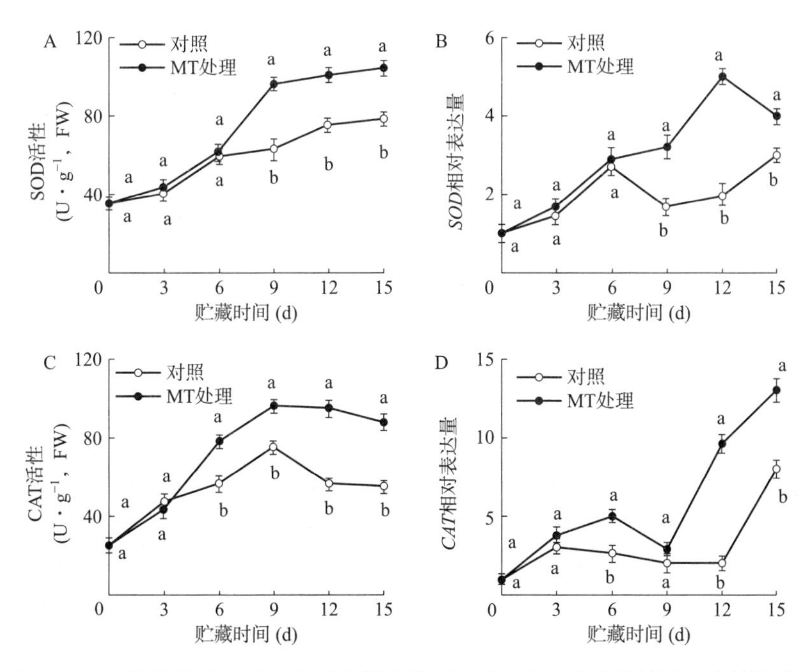

图 6－27 褪黑素处理对 6 ℃下冷藏竹笋 SOD 和 CAT 活性及基因表达的影响

（3）褪黑素处理对黄甜竹笋 PPO 活性和基因表达的影响。在贮藏期内对照与褪黑素处理黄甜竹笋中 PPO 活性总体呈现上升趋势，伴有轻微波动，褪黑素处理黄甜竹笋中 PPO 酶活性 6～15 d 显著低于对照，降低的幅度为 26%～43%（图 6－28 A）。对照与褪黑素处理的黄甜竹笋中 *PPO* 基因相对表达水平冷藏期间总体呈先上升而后下降的趋势且伴有波动，褪黑素处理在第 3 天和 9～15 d 显著降低了黄甜竹笋中 *PPO* 基因相对表达水平，相较于对照，降低的幅度分别为 62%和 53%～77%（图 6－28 B ）。

（三）讨论

竹笋采后极易发生木质化，表现为木质素和纤维素快速累积，导致笋肉硬度增加、食用品质下降。植物组织中的木质素经由苯丙烷类途径合成，是一系列酶促反应联动的结果。PAL、CAD 和

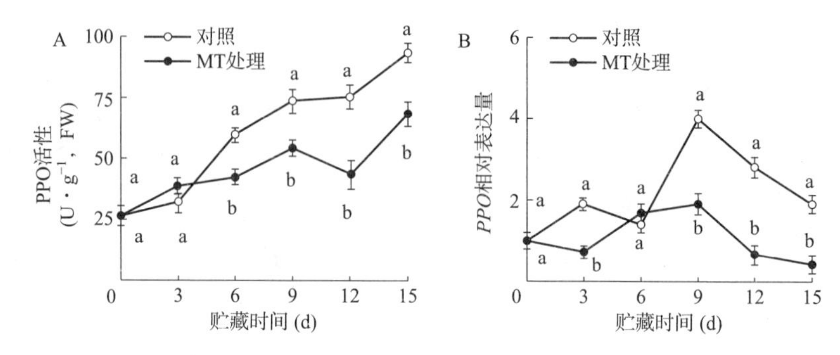

图 6-28 褪黑素处理对 6 ℃下冷藏竹笋 PPO 活性和基因表达的影响

POD 在催化合成木质素单体并聚合成为木质素大分子的代谢中起主要作用。采后适度热处理和外源草酸均可通过抑制 PAL、CAD 和 POD 活性进而延缓笋的木质化，延缓笋肉硬度上升。而木质素的合成必然受到相关关键酶的基因表达调控。例如，*EjCAD*1、*EjPOD* 两个基因参与了调控枇杷果实中木质素合成，梨组织中木质素合成则受到 *PpCAD*1 和 *PpCAD*2 基因的调控。另外，许多研究表明，PAL、CAD 和 POD 活性与对应基因的表达协同调控木质素的合成。Yang 等发现，褪黑素处理显著抑制了采后 20 ℃下贮藏的茭白中 PAL，CAD 和 POD 活性和对应基因表达量，进而延缓了茭白的木质素累积。Li 等研究指出，外源褪黑素抑制了去壳高节笋中 PAL、POD 和 CAD 活性和调控次生细胞壁生物合成的转录因子 *SND*2、*KNAT*7、*MYB*20 和 *MYB*85 的表达，进而延缓了笋肉组织木质化。本研究结果也表明，褪黑素处理降低了黄甜竹笋中 PAL、CAD 和 POD 活性，下调了 *PAL*1、*POD* 和 *CAD* 的基因表达水平，进而延缓了木质素和纤维素的累积，抑制了笋肉木质化。

除了木质化外，竹笋贮藏期间还易发生褐变。果蔬褐变的发生主要是在有氧条件下，酚类底物在 PPO、POD 等酶催化下发生酶促反应的结果。研究证明，活性氧（reactive oxygen species，ROS）很大程度上参与了细胞衰老尤其是对细胞膜的破坏，因为活性氧水平的提高不仅会改变细胞膜的完整性，也会与不饱和脂肪酸发生反应进而导致脂质过氧化，进而加速组织褐变。在果蔬成熟过程中，抗氧化酶如：SOD、POD、CAT、APX 等在清除活性氧方面起着重要的作用，SOD 将 O_2^- ·转化为 H_2O_2，同时 CAT、POD 将 H_2O_2 转化为 H_2O 和 O_2，SOD 和清除 H_2O_2 的酶系的协同作用共同赋予了细胞抗氧化的能力和对活性氧胁迫的耐受性。相关研究表明，褪黑素处理之所以能够减轻香蕉、双孢菇、红毛丹、鲜切甘薯褐变均与其抑制了组织中的 PPO、POD 的活性以及下降了其基因表达量有关。而如水杨酸处理雷竹、外源草酸处理去壳高节笋同样也是由于降低了 POD 和 PPO 活性从而延缓了褐变。除了 PPO 和 POD 外，活性氧及其清除酶系也可能参与了采后果实褐变过程。在红毛丹、鲜切甘薯研究中均发现，外源褪黑素处理除了可抑制果实中 POD 和 PPO 活性外，还同时提高 SOD 和 CAT 活性，抑制 H_2O_2 和 MDA 累积，延缓相对电导率上升。另外，草酸处理能抑制去壳马蹄笋褐变中也存在类似的机制。本研究同样表明，褪黑素处理显著抑制了冷藏下去壳黄甜竹笋中 PPO 和 POD 活性上升，下调了 *PPO* 和 *POD* 基因表达水平；提高了 SOD 和 CAT 活性，同时上调了 *SOD* 和 *CAT* 基因表达水平，延缓了 H_2O_2 含量的累积和降低了 O_2^- ·的生成速率，进而抑制了笋肉组织 MDA 的累积和电导率的上升，有效延缓了笋基部切面褐变。

以上结果综合表明，褪黑素处理能够有效调控冷藏下去壳黄甜竹笋的木质素合成代谢和褐变关键酶活性及基因表达水平，进而达到延缓木质化和抑制褐变的效果。

（四）结论

采后 0.2 mmol/L 褪黑素处理显著抑制了冷藏下去壳黄甜竹笋中 PPO 和 POD 活性，下调了 *PPO* 和 *POD* 基因表达水平；提高了 SOD 和 CAT 活性，同时上调了 *SOD* 和 *CAT* 基因表达水平，抑制了 H_2O_2 的累积和 O_2^- ·生成速率上升，抑制了笋肉组织 MDA 的累积和电导率的上升，有效延缓了笋基部切面褐变；同时褪黑素处理也显著地下调了 *PAL*1、*POD* 和 *CAD* 的基因表达水平，抑制了冷藏下黄甜竹笋中PAL、CAD和POD活性，延缓了笋肉组织中木质素累积，保持了较好的感官和食用品质。

九、黄甜竹笋价值分析及食谱制作研究

随着人们生活质量的逐步提升，健康生活理念深入人心，人们不再只追求吃得饱，同时也崇尚吃得好、吃得健康。作为江南美食之材，竹笋被称为“菜中珍品”，具有清热、益胃及预防疾病等食疗效果。在众多竹笋中，浙江丽水农林科学研究院培育出的黄甜竹笋以其独特的口感和较高的营养价值被大众所喜爱。本文主要讨论了黄甜笋的食疗价值、营养价值和经济价值，并以黄甜笋为主要食材，疏理出了十二道热菜、六道冷菜和两道主食的制作食谱，以期为人们提供既营养又美味的美食选择。

（一）黄甜竹笋的价值分析

黄甜竹产量高、管理方便，在浙江省发布的《关于加快推进竹产业高质量发展的意见》中对五种笋用竹种进行了重点推介，黄甜竹以其独特价值排在首位。为进一步扩大黄甜竹的产业链，笔者研发了黄甜竹笋，黄甜竹笋是浙江丽水市农林科学研究院通过不断优化培育出的优质竹笋，笋肉较一般的竹笋更厚，肉质脆嫩、纤维细，剥皮后可以直接食用，还可以榨汁后当饮料喝。与一般竹笋相比，黄甜竹笋具有较高的价值，包括食疗价值、营养价值和经济价值。

1. 食疗价值 黄甜竹笋比一般的竹笋含有更多的营养成分，其食疗价值也较高。中医十分强调饮食疗法，《黄帝内经》中记载的饮食疗法中就提出，竹笋性微寒，具有清热、降火、解毒的功效。《本草纲目》中也强调，竹笋可以消渴散热，促进肠胃蠕动和通气消痰。黄甜竹笋纤维细嫩，不伤胃且助消化排泄，可更好地清除肠胃中的油脂和毒素。此外，竹笋中含有的多糖物质还具有一定的抗癌作用，对于咳喘、便秘、风疹、糖尿病、积食等多种病症也具有一定疗效。

2. 营养价值 竹笋的脂肪和糖含量低，含有丰富的钙、铁、

蛋白质和氨基酸等营养物质。优化培育出的黄甜笋较一般的竹笋而言，蛋白质含量较高，为 31.2 mg/g，钙含量 0.38 mg/g、氨基酸含量 11.8 mg/g、脂肪含量 2.4 mg/g，属于典型的“三高一低”食品，可见营养价值十分丰富。

3. 经济价值 黄甜竹秆株形优美，可种植于房前屋后，作为观赏竹美化环境。黄甜竹笋凭借较高的食疗价值和营养价值，使其市场价格远远高于普通竹笋，同时伴随着黄甜竹笋深加工产品的不断研发，黄甜竹笋的产业链逐渐扩大，经济价值不断提升，每亩产值可达 10 000 元以上。

（二）黄甜竹笋食谱制作

为了进一步扩大黄甜竹笋产业链，有必要对黄甜竹笋的食谱制作方法进行介绍。下文将对以黄甜竹笋为主要原料的多种食用菜谱进行叙述，包括十二道热菜、六道冷菜及两道主食。

1. 十二道热菜

（1）梳子笋鲍鱼。这道菜的原料包括黄甜笋、青花菜（西蓝花）、黑木耳、鲍鱼和芋结，特点为装盘雅致、汤汁浓郁（图 6 - 29）。做法如下：将黄甜笋冷水下锅煮熟后切花刀，鲍鱼用开水烫开后清理煮熟，再将黑木耳泡发，西蓝花和芋结焯水，加入高汤、味精、盐、白糖、料酒和香油，最后用淀粉烧至汤汁浓郁，装入竹罐中用保鲜膜封口蒸热即可。

图 6 - 29 梳子笋鲍鱼

(2) 油焖黄甜笋。这道菜的原料简单，只需黄甜笋和葱，做好后鲜香扑鼻，十分诱人（图 6－30）。做法如下：将笋切条，油炸至八分熟捞出，再向锅中放入肉末、豆瓣酱和油炒出香味，加入笋条、高汤，翻炒后起锅，最后用葱将笋条扎成捆，稍作装饰即可。

图 6－30　油焖黄甜笋

(3) 墨鱼黄甜笋。这道菜的主要原料是黄甜笋干、干辣椒、墨鱼干和葱白，整道菜甘香四溢，口感酥脆（图 6－31）。做法如下：用清水泡发黄甜笋干并切丝，猪油下锅炒香，加干辣椒和水发明甫，再加入笋丝，依次放入味精和盐，烧至汤汁浓稠即可装盘。

图 6－31　墨鱼黄甜笋

(4) 炸虾茸笋夹。这道菜的原料有黄甜竹笋、鲜虾茸、五花肉末和脆皮糊，整道菜口感细腻、外酥里嫩（图 6－32）。做法如下：将黄甜笋切成连刀片，再把鲜虾茸和五花肉末调味拌匀，夹到笋片中，用淀粉、面粉、食用油、水和泡打粉（苏打粉）制成脆皮糊，包裹笋片，放入油中翻炸即可。

图 6－32　炸虾茸笋夹

（5）黄甜笋龙虾。这道菜的原料包括黄甜笋、龙虾、丝瓜、黑木耳，整道菜荤素搭配合理，而且味道鲜美（图 6－33）。做法如下：将黄甜笋冷水下锅，煮熟后切成块；龙虾取龙尾，洗刷干净后在开水里烫熟，摆放在长盘两头，并用适量荷兰芹、紫甘蓝点缀；将龙虾剁成块，和笋块、黑木耳、丝瓜一起烧熟，最后装汤盘即可。

图 6－33　黄甜笋龙虾

（6）土鸡黄甜笋。这道菜的原料包括黄甜笋、土鸡、葱白、生姜、红椒片（图 6 - 34）。做法如下：土鸡切成块，黄甜笋切块；锅里放入底油，放入生姜煸炒至微黄，放入土鸡炒干水分，放入料酒、盐，加入黄甜笋块、葱白和红椒片，加水烧至入味即可。

图 6 - 34　土鸡黄甜笋

（7）笋丝煎黄鱼。这道菜的原料主要是黄甜笋、黄鱼、香菇、瘦肉丝、胡萝卜丝，整道菜外酥里嫩、美味可口（图 6 - 35）。做法如下：将黄甜笋冷水下锅，煮熟后切丝，香菇、胡萝卜、瘦肉切丝待用；黄鱼杀洗干净、留鱼头鱼尾后切丝，调味上浆，在油锅中炸至金黄；另起一锅，油热后加入以上原料和调料翻炒入味；把炒制好的原料包入豆腐皮内，放平底锅煎至两面金黄；最后，鱼头鱼尾调味炸熟装盘，用小青菜、小番茄稍作点缀。

图 6 - 35　笋丝煎黄鱼

（8）笋尖石蛙盅（石蛙鲜笋筒）。这道菜的原料主要包括黄甜笋尖、养殖石蛙、枸杞、青豆，整道菜肉质肥滑、汤纯味美（图 6-36）。做法如下：将黄甜竹笋尖冷水下锅煮熟，将石蛙杀洗干净，冷水下锅，烧开后沥去泡沫，加枸杞、青豆、笋尖，加调料烧入味，起锅装盘。

图 6-36　笋尖石蛙盅

（9）竹筒佛跳墙。这道菜的原料有黄甜笋筒、干鲍、沙鱼皮、水发辽参、火腿、鱼翅，特点是营养丰富、汤鲜料美（图 6-37）。做法如下：将黄甜笋筒冷水下锅煮熟，然后和其他分别烧入味的原料一起放入砂锅中，加高汤、调料继续炖煮，烧入味后起锅装盘。

图 6-37　竹筒佛跳墙

（10）墨鱼蛋笋条。这道菜的原料主要包括黄甜笋、墨鱼蛋、黄瓜、胡萝卜、红椒丝（图6－38）。做法如下：将黄甜笋切条放入碗中，加入墨鱼蛋、调笋丝煎黄鱼料，拌匀后上笼蒸熟，起锅后加黄瓜、煮熟的胡萝卜和红椒丝，拼摆成扇形即可。

图6－38　墨鱼蛋笋条

（11）太极黄甜笋。这道菜的原料主要有黄甜笋、虾干、火腿、香菇、干贝、菠菜汁，特点是做法独特、口感新颖（图6－39）。做法如下：将黄甜笋尖放搅拌机中，加水打成笋糊；热锅下油，放入辅料炒香，下笋糊、加调料，勾芡起锅；把菠菜汁烧入味，用模具倒成太极形即可。

图6－39　太极黄甜笋

（12）金汤鲜笋衣。这道菜的原料主要有鲜黄甜笋衣、虾干、火腿、香菇、干贝，特点是汤美料鲜、入口即化（图 6-40）。做法如下：将鲜黄甜笋衣过油；热锅下油，放入辅料炒香，下笋衣，加高汤、调料烧入味，放香菜段、枸杞，稍作点缀即可。

图 6-40　金汤鲜笋衣

2. 六道冷菜

（1）素片黄甜笋。这道菜的原料包括黄甜笋、青豆、嫩芽、生菜、柠檬片，制作简单，可以一菜两吃，创意十足（图 6-41）。做法有两种：一是将黄甜笋切片，油炸后加味精、盐、料酒、白糖、香油、酱油调味后装盘，用其他原料进行点缀；二是将油炸笋条加调料油焖，用其他原料进行点缀即可。

图 6-41　素片黄甜笋

（2）葱油黄甜笋。这道菜的原料主要包括黄甜笋、葱油、葱汁、小番茄、生菜、火龙果，特点是色彩丰富、葱香四溢（图 6－42）。做法如下：将葱油、葱汁加盐、味精、料酒制成调味汁，再将煮熟的黄甜笋条加入其中搅拌均匀，最后用生菜、小番茄、火龙果等点缀装盘。

图 6－42　葱油黄甜笋

（3）香烤黄甜笋。这道菜的原料包括黄甜笋、榆耳菌、杏鲍菇、花生、葱丝、红椒丝，特点是软糯可口、口味浓郁（图 6－43）。做法如下：将黄甜笋和其他辅料切片油炸；锅中放油，下主料、辅料，放调料焖至入味装盘；最后撒上花生、葱丝、红椒丝，稍作点缀即可。

图 6－43　香烤黄甜笋

（4）扣黄甜笋丝。这道菜的原料主要有黄甜笋、莴笋、胡萝卜、肉松、黄金豆，特点是造型美观、搭配合理（图 6-44）。做法如下：先将黄甜笋切丝，冷水下锅煮熟；将莴笋和胡萝卜切丝，焯水煮熟；把盐、味精、香醋、料酒、白糖、香油、蒜茸拌匀；把原料装入模具，压实后按出，上面放上肉松；装盘后撒上油炸好的黄金豆、青柠檬作点缀。

图 6-44　扣黄甜笋丝

（5）石榴黄甜笋。这道菜的原料有黄甜笋、杭州千张、瘦猪肉、胡萝卜、香菇丝，特点是色彩金黄、形象逼真（图 6-45）。做法如下：高汤中煮杭州千张，煮好后包入加调料炒入味的肉丝、胡萝卜丝、香菇丝、黄甜笋丝，装盘后稍加点缀即可。

图 6-45　石榴黄甜笋

(6) 素烧黄甜笋。这道菜的原料有黄甜笋、豆腐皮、肉丝、南瓜丝、瘦猪肉、胡萝卜、香菇丝，特点是口味清鲜、营养丰富（图6-46）。做法如下：豆腐皮中包入加调料炒入味的肉丝、胡萝卜丝、香菇丝、黄甜笋丝、南瓜丝，用油煎至两面金黄后切段，装盘后用胡萝片、水萝卜片、小番茄、火龙果、青豆、香草点缀即可。

图6-46　素烧黄甜笋

3. 两道主食

(1) 黄甜笋乌饭。这道菜的主要原料包括黄甜笋丁、胡萝卜、火腿、香菇、遂昌乌饭、肉松和虾干（图6-47）。做法如下：将笋丁冷水下锅煮熟，热锅下油，加其他辅料，加高汤、味精、盐、料酒翻炒入味，炒熟后盛入竹筒中，最后用肉松点缀。

图6-47　黄甜笋乌饭

（2）黄甜笋丁包。这道菜的原料包括黄甜笋、夹心肉、葱白和面粉，特点是皮薄馅多（图 6-48）。做法如下：将笋丁冷水下锅煮熟，煮熟后的夹心肉切丁，将笋丁、肉丁和葱白丁混合，加入味精、盐、色拉油和料酒，搅拌均匀成馅，再用面粉和面，加入馅料制成包子，下锅煎至两面金黄即可起锅。

图 6-48　黄甜笋丁包

附录　黄甜竹笋用林栽培技术规程

1　范围

本标准规定了黄甜竹笋用林栽培的术语和定义、造林技术、幼林抚育、成林培育和病虫害防治等内容。

本标准适用于黄甜竹笋用林栽培。

2　规范性引用文件

下列文件对于本文件的应用是必不可少的。凡是注日期的引用文件，仅所注日期的版本适用于本文件。凡是不注日期的引用文件，其最新版本（包括所有的修改单）适用于本文件。

GB 3095　环境空气质量标准

GB 5084　农田灌溉水质标准

GB/T 8321　农药合理使用准则（所有部分）

GB 15618　土壤环境质量标准

3　术语和定义

下列术语和定义适用于本文件。

3.1　黄甜竹

学名 *Acidosasa edulis*，是禾本科竹亚科酸竹属竹种。

3.2　秆柄

又称螺丝钉，竹秆与竹鞭的连接部位。

3.3　来鞭

鞭芽从外朝向母竹的竹鞭为来鞭。

3.4　去鞭

鞭芽从母竹向外的竹鞭为去鞭。

3.5 钩梢

用钩刀钩去竹梢顶部，留枝 8～12 盘。

4 造林技术

4.1 造林地选择

4.1.1 环境要求

环境空气质量应符合 GB 3095 的规定，灌溉水质应符合 GB 5084 的规定，土壤环境质量应符合 GB 15618 的规定。

4.1.2 气候条件

年平均气温 14～18 ℃，极端低温 −10 ℃以上，年降水量 1 200～1 800 mm。

4.1.3 土壤条件

选择土层深度 50 cm 以上，pH 4.5～7.0，疏松、排水良好的壤土或沙质壤土。

4.1.4 地形条件

海拔 800 m 以下，坡度 25°以下，背风朝南的阳坡山地为宜。

4.2 林地整理

4.2.1 整地

劈山，清除灌木杂草；坡度 15°以下全面垦复整地，坡度 15°以上带状或块状整地，开垦深度 30 cm 以上，清除土中石块、树根及树蔸等。易积水地块开排水沟，排水沟宽 40～50 cm，沟深 40～50 cm。

4.2.2 挖穴

挖穴规格长 60 cm、宽 50 cm、深 40 cm，在坡地上的穴长边与等高线平行，挖穴时把心土和表土分置于穴两侧；挖穴密度为每 667 m^2 50～100 个。

4.2.3 施基肥

每穴施腐熟有机肥 5～10 kg，有机肥与表土拌匀填入穴底。

4.3 母竹

4.3.1 年龄

1～2 年生竹株。

4.3.2 规格与要求

生长健壮、枝叶茂盛、分枝较低、无病虫害；胸径 2～4 cm；竹鞭留来鞭 15～20 cm，去鞭 20～30 cm；秆柄无损伤；留枝 4～5 盘；砍梢切口斜面平滑不开裂；带宿土 6 kg 以上。

4.3.3 运输

母竹远距离运输时，应将竹蔸用稻草或编织袋等材料包扎，并及时洒水，保持根部湿润，运输时用篷布覆盖。搬运、装车和卸车时，应轻拿轻放，母竹用手提或肩挑，不能用肩扛或抛丢。

4.4 栽植

4.4.1 时间

1—2 月或 10—11 月，阴天为宜。

4.4.2 栽植方法

母竹鞭栽植深度 25～30 cm，竹蔸下部和竹鞭与土密接，覆土分层踏实，下紧上松，再培土成馒头状，浇水保湿。缺株在当年秋季或翌年春季进行补植。

5 幼林抚育

5.1 水分管理

母竹栽植后，遇连续 5 d 无降水，需及时浇水，保持土壤湿润；遇天气多雨，对平地、低洼地需及时排除积水。

5.2 套种

幼林第 1 年和第 2 年可套种豆类、绿肥等矮秆作物，以耕代抚。

5.3 松土除草

一年除草两次，6—7 月、9—10 月各除一次，铲除杂草铺于竹林地或翻埋土中。

5.4 施肥

一年施肥两次，穴施，3 月、6—7 月各施一次。第 1 年 3 月施复合肥每 667 m^2 5～10 kg，6—7 月施复合肥每 667 m^2 7.5～15 kg；第 2 年、

第3年施肥量根据出笋数量适量增加。复合肥（$N+P_2O_5+K_2O$）含量≥45%。

5.5 新竹留养

按照“挖近留远，挖弱留强，挖密留稀，能留则留”的要求留养新竹，及时挖除弱笋、小笋及退笋。

5.6 竹林保护

新竹做好钩梢、防风、防雪、防火、防病虫害、防牲畜等措施，确保竹林快速郁闭成林。

6 成林培育

6.1 施肥

施肥时间、肥料种类、数量和方法按附表1进行。有机肥有机质含量≥45%。

附表1 黄甜竹施肥汇总

项目	时间	肥料种类	每667 m^2施肥量（kg）	施肥方法
催笋肥	2—3月	尿素	20～30	开沟施肥或挖穴施肥
行鞭肥	6—7月	复合肥	50～60	开沟施肥或挖穴施肥
催芽肥	8—9月	有机肥和复合肥	有机肥30～40，复合肥10～20	开沟施肥

6.2 水分管理

多雨天气遇林地积水，要及时排水；干旱天气，及时引水灌溉，保持土壤湿度。

6.3 采笋

在笋尖出土15～25 cm时，用笋锄或笋撬翻开泥土，从笋基部切断，整株挖起，注意不伤及竹鞭，挖后覆土。

6.4 新竹留养

在出笋高峰后期留养新竹，每年留养新竹每667 m^2 180～240株。

留养的新竹要生长健壮、无病虫害，分布均匀。

6.5 伐竹

每年6—7月，新竹长好后，伐去5年生以上老竹和部分4年生竹，每年每667 m^2伐竹150～240株。立竹密度保持每667 m^2 600～800株，立竹年龄结构1～3年生竹数量各占30%，4年生竹占10%。

6.6 钩梢

每年6—7月，新竹展枝放叶后钩去竹梢，留枝8～12盘。

6.7 松土除草

每年6—7月，深翻林地，深度为15～25 cm，挖除竹伐蔸、老鞭。9—10月，铲除杂草翻埋土中。

7 病虫害防治

7.1 营林防治

保护竹林生态环境及天敌资源，及时清除竹林中受害的竹笋、枝、叶、秆和老弱残次竹，减少林内病虫害传播源。

7.2 物理防治

利用害虫的趋光、趋味等习性，采用灯光、性或食物源引诱剂等诱杀害虫。利用害虫的潜伏、固着为害等习性，进行人工清除病虫害。

7.3 生物防治

保护和利用天敌，以虫治虫、以菌治虫。

7.4 化学防治

选择高效、低毒低残留的农药，科学安全合理使用。农药使用应按GB/T 8321（所有部分）的要求执行。

7.5 防治方法

主要病虫害防治方法见附表2。

8 黄甜竹笋用林标准化生产模式图

黄甜竹笋用林标准化生产模式图参见附图1。

附表 2　主要病虫害防治方法

主要病虫害	防治指标	防治方法
竹疹病	发病率≥5%	①加强竹林抚育管理，合理密度，增强抗病力 ②在 4—5 月，用 30%多·酮可湿性粉剂 600～800 倍液或 25%三唑酮可湿性粉剂 500～600 倍液喷雾，1 周 1 次，连喷 3 次
竹煤污病	发病率≥5%	①合理竹林密度，增强林内通风透光，降低温度 ②及时防治介壳虫、蚜虫等害虫
竹笋夜蛾	虫笋率≥10%	①6—7 月，松土除草、消灭越冬虫卵 ②4—5 月，挖除虫退笋，杀死幼虫。主要保护留做母竹的竹笋，4 月于幼虫侵入竹笋前在竹笋上喷 2%噻虫啉微胶囊剂 500～800 倍液。 ③5 月底至 6 月底，用黑光灯诱杀成虫
竹蚜虫	虫口密度≥80 条/枝条	①保护瓢虫、食蚜蝇、蚜灰蝶及草蛉等天敌 ②高密度林分，在竹秆基部打孔，用 5%吡虫啉乳油 1 mL 竹腔注射或用 2.5%功夫乳油，1 000～1 500 倍液喷雾，连续 2～3 次
金针虫	虫笋率≥10%	①4—5 月，挖笋除虫，将笋内的金针虫带出林间 ②5—6 月及 9—10 月，每 667 m^2 沟施平沙绿僵菌颗粒剂 5 kg，孢子浓度每克干料 1.0×10^8 个孢子，持续 2～3 年 ③5—7 月，林间设置黑光灯诱杀成虫 ④对于危害严重（虫笋率＞30%）的林分，5—6 月及 9—10 月，沟施 1%的噻虫胺颗粒剂，每 667 m^2 5 kg

黄甜竹笋用林标准化生产模式图

丰产林分结构指标

项目	指标
亩产（kg/667m²）	1500~2000
立竹密度（株/667m²）	600~800
平均胸径（cm）	4~5
年龄结构	3∶3∶3∶1
留枝（盘）	8~12

环境立地条件要求

项目	要求
环境空气质量	应符合GB 3095的规定
土壤	疏松、排水良好的壤土或沙质壤土，应符合GB 15618的规定
酸碱度	pH4.5~7.0
土层深度	50cm以上
坡度	坡度25°以下，背风朝南的阳坡山地
海拔	800m以下
排水	良好，不积水
交通	便利
灌溉水	无污染，应符合GB 5084的规定

黄甜竹施肥汇总表

项目		时间	肥料种类	施肥量（kg/667m²）	施肥方法
幼林期	催笋肥	3月	复合肥	第一年 5~10 第二、三年适量增加	穴施
	行鞭肥	6月~7月	复合肥	第一年 7.5~15 第二、三年适量增加	穴施
成林期	催笋肥	2月~3月	尿素	20~30	开沟施肥或挖穴施肥
	行鞭肥	6月~7月	复合肥	50~60	开沟施肥或挖穴施肥
	催芽肥	8月~9月	复合肥	有机肥30~40 复合肥10~20	开沟施肥

黄甜竹管理周年历

月份	一月	二月	三月	四月	五月	六月	七月	八月	九月	十月	十一月	十二月
节气	小寒 大寒	立春 雨水	惊蛰 春分	清明 谷雨	立夏 小满	芒种 夏至	小暑 大暑	立秋 处暑	白露 秋分	寒露 霜降	立冬 小雪	大雪 冬至
物候期 竹笋生长				竹笋生长	竹秆生长				笋芽分化			
物候期 竹鞭生长						竹鞭生长						
农事管理主要内容	挖母竹造林，竹林保护，摇雪，防雪压，防冰冻	挖母竹造林，施催笋肥	施催笋肥	采收竹笋；留养新竹	采收竹笋；留养新竹:180株/667m²~240株/667m²	施行鞭肥，垦翻林地；伐老竹，留8~12盘钩梢，防水涝。	施行鞭肥，深翻林地：每年伐竹150株/667m²~240株/667m²	防水涝，防干旱	施催芽肥，松土除草；防水涝，防干旱。	施催芽肥，松土除草；防干旱，挖母竹造林。	挖母竹造林，防干旱。	竹林保护，防雪压，防冰冻。

部分农事示例图片：挖母竹、栽植、穴施、挖笋、沟施、伐竹、抚育、垦复、钩梢

病虫害防治措施

营林防治	保护竹林生态环境及天敌资源，及时清除竹林中受害的竹笋、枝、叶、竿和老弱残次竹，减少林内病虫害传播源。
物理防治	利用害虫的趋光、趋味等习性，采用灯光、性或食物源引诱剂等诱杀害虫。利用害虫的潜伏、固着为害等习性，进行人工清除病虫害。
生物防治	保护和利用天敌，以虫治虫、以菌治虫。
化学防治	选择高效、低毒低残留的农药，科学安全合理使用。农药使用应按GB/T 8321（所有部分）的要求执行。

主要病虫害防治方法

病虫名称	竹煤污病	竹疹病	竹笋夜蛾	竹蚜虫	金针虫
图片					
防治指标	发病率≥5%	发病率≥5%	虫笋率≥10%	虫口密度≥80条/枝条	虫笋率≥10%
防治方法	1. 合理竹林密度，增强林内通风透光，降低温度。 2. 及时防治介壳虫、蚜虫等害虫。	1. 加强竹林抚育管理，合理密度，增强抗病力。 2、在4~5月，用30%稻瘟宁可湿性粉剂600倍液~800倍液或25%三唑酮可湿性粉剂500倍液~600倍液喷雾，1周1次，连喷3次。	1. 11至翌年1月，松土除草、消灭越冬虫卵。 2. 4月~5月挖除清理虫退笋，杀死幼虫。：主要保护留做母竹的竹笋，4月于幼虫侵入竹笋前在竹笋上喷8%绿色威雷触破式微胶囊剂800倍液 3. 5月底到6月底，用黑光灯诱杀成虫。	1. 保护瓢虫，食蚜蝇，蚜灰蝶及草蛉等天敌。 2. 高密度林分，在竹秆基部打孔，用5%吡虫啉乳油1ml竹腔注射或用2.5%功夫乳油，1000倍液~1500倍液喷雾，连续2次~3次。	1、4月~5月，挖笋除虫，将笋内的金针虫带出林间。 2、5月~6月及9月~10月，沟施平沙绿绿僵菌颗粒剂，5kg/667m²，孢子浓度1.0×108个孢子/g干料，持续2年~3年。 3、5月~7月，林间设置黑光灯诱杀成虫。 4、对于危害严重（虫笋率>30%）的林分，5月~6月及9月~10月，沟施1%的噻虫胺颗粒剂，5kg/667m²。

附图1　黄甜竹笋用林标准化生产模式

参考文献

陈建华，何正安，汤放文，1999. 毛竹地下部分和地上部分生长发育规律[J]. 湖南林业科技，26（4）：24－28.

陈松河，郑清芳，1996. 黄甜竹笋用林的生物量、叶面积指数和叶绿素含量[J]. 亚热带植物通讯，25（1）：22－27.

陈松河，郑清芳，2001. 黄甜竹笋用林丰产培育技术模式的研究[J]. 竹子研究汇刊，20（1）：61－67.

陈松河，2001. 黄甜竹笋期生长规律的研究[J]. 热带农业科技，92（4）：17－21.

戴丹，郑剑，周成敏，等，2021，减压冷藏对去壳黄甜竹笋的保鲜效果及其生理和分子机制[J]. 农学报，35（2）：366－374.

方栋龙，2005. 黄甜竹笋用林丰产技术试验研究[J]. 福建林业科技，32（1）：68－69.

何林，傅冰，2011. 黄甜竹丰产地下竹鞭结构生长规律研究[J]. 竹子研究汇刊，30（3）：13－17.

何林，潘心禾，2010. 黄甜竹地下部分和地上部分生长发育规律研究[J]. 浙江林业科技，30（4）：83－86.

黄宇南，江丽荣，叶秀萍，等，2020. 海拔高度及挖笋措施对黄甜竹出笋的影响[J]. 湖南农业科学（7）：83－85.

黄运菲，黄能开，陈美蓉，2002. 黄甜竹笋用林丰产栽培研究[J]. 福建林业科技，29（2）：46－49.

李肇锋，2007. 闽中山地黄甜竹立竹密度与笋产量关系研究[J]. 福建林业科技，34（3）：53－55.

谢益贵，叶树军，张世平，等，2001. 高山引种黄甜竹试验初报[J]. 浙江林业科技，20（4）：38－40.

浙江效益农业百科全书编辑委员会，2004. 黄甜竹[M]. 北京. 中国农业科学技术出版社.

周成敏，杨继，周紫球，等，2021，高压电场处理对鲜切黄甜竹笋冷藏下品质的影响［J］. 食品工业科技，42（23）：319-325.
周成敏，杨艺薇，杨继，等，2022，黄甜笋价值分析及食谱制作研究［J］. 中国食品，51（12）：128-130.
周成敏，叶秀萍，王炳华，等，2018. UV-C辐照处理对冷藏鲜切黄甜竹笋品质的影响［J］. 食品研究与开发，39（16）：178-184.
周紫球，周成敏，宋艳冬，等，2019. 林地覆盖对黄甜竹土壤温度及生长的影响［J］. 湖南林业科技，46（4）：28-31.